Lineare Funktionen

2

1. Svenja hat mit drei Gefäßen Füllversuche durchgeführt. Pro Sekunde lief immer gleich viel Wasser in ein Gefäß.

Aquarium	
Zeit (s)	Höhe (mm)
10	15
20	30
30	
40	

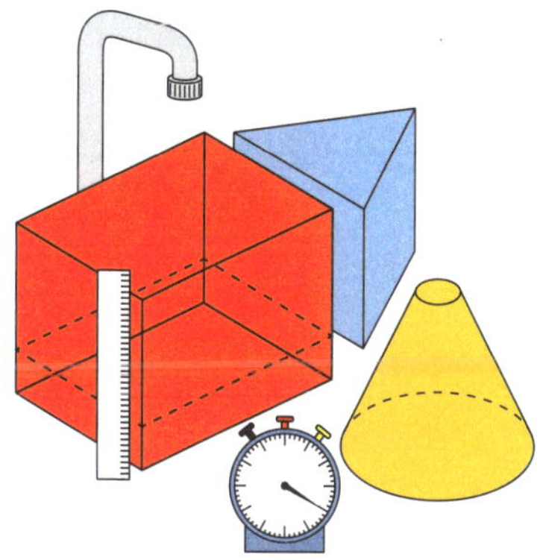

a) Ergänze die Tabelle für das rote, quaderförmige Aquarium.

b) Berechne, um wie viel Millimeter das Wasser im Aquarium jede Sekunde

steigt: ________ mm pro Sekunde.

c) Zeichne in das Koordinatensystem einen Füllgraphen für das Wasser im quaderförmigen Aquarium.

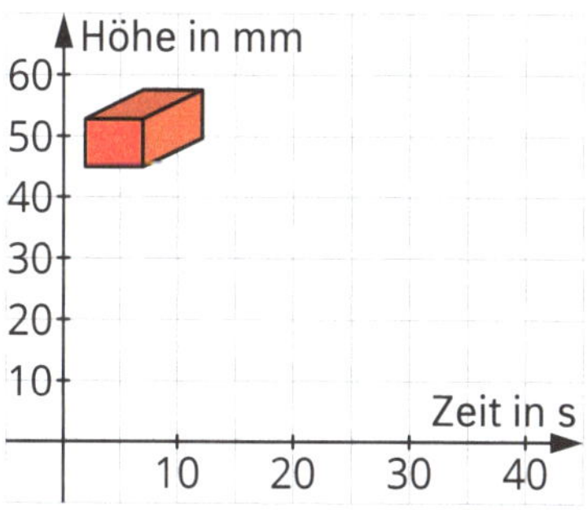

d) In der Prisma-Vase steigt bei einer Füllung das Wasser alle 10 Sekunden um 5 mm. Zeichne in das Koordinatensystem den zugehörigen Füllgraphen.

e) Das Koordinatensystem zeigt vier „Füllgraphen“. Welche Kurve passt am besten zu einem Füllversuch mit der Kegel-Vase, wenn diese anfangs leer ist? Begründe deine Entscheidung.

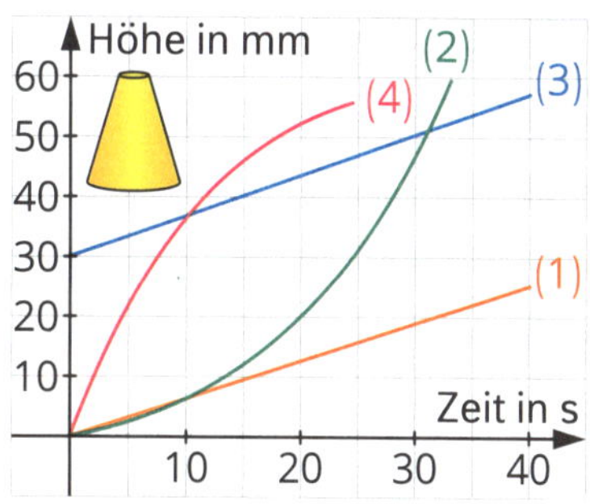

Graph Nr. [ ]

Begründung: ______________________________

____

____

2. Das abgebildete Gefäß wird gleichmäßig mit Wasser gefüllt. Skizziere den ungefähren Füllgraphen des Gefäßes.

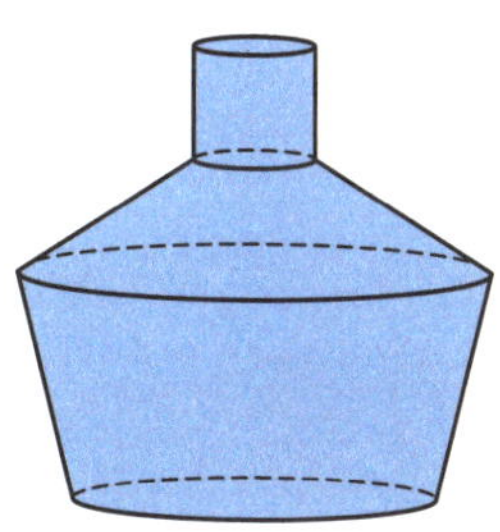

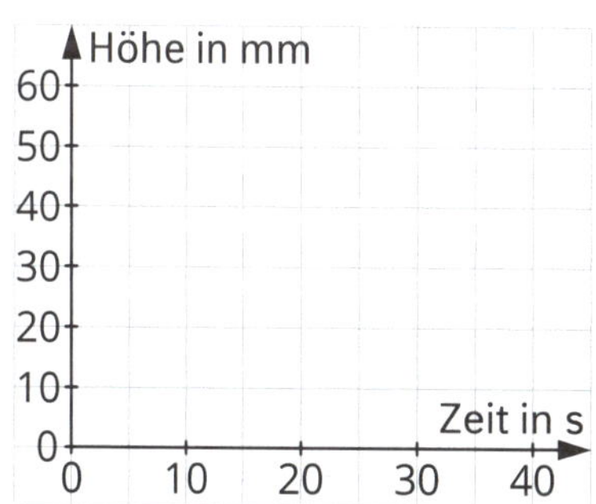

Funktionen

1. a) Lies die fehlenden Werte am Graphen ab.

x	−3,5	−2,5		0	
y			4		−1

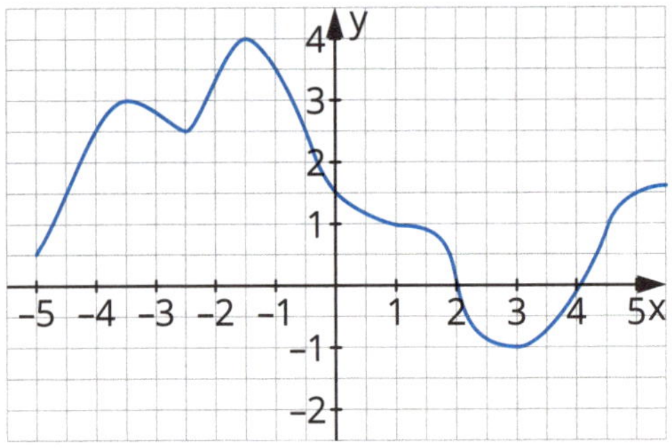

b) Handelt es sich beim abgebildeten Graphen um eine Funktion? Begründe deine Antwort.

Es handelt sich/handelt sich nicht um eine Funktion, weil

____

____

2. Verbinde die beiden Enden des Graphen so, dass …

a) … eine Funktion entsteht.

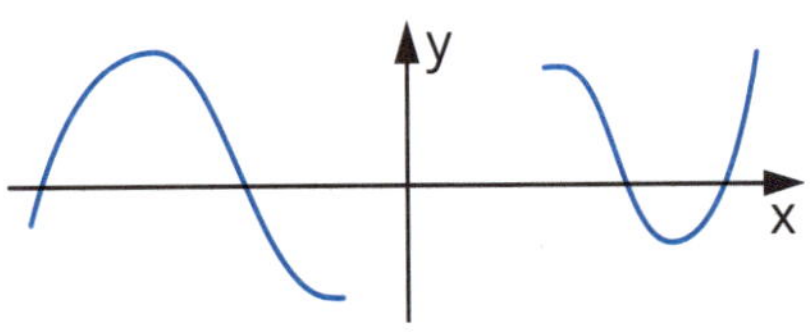

b) … keine Funktion entsteht.

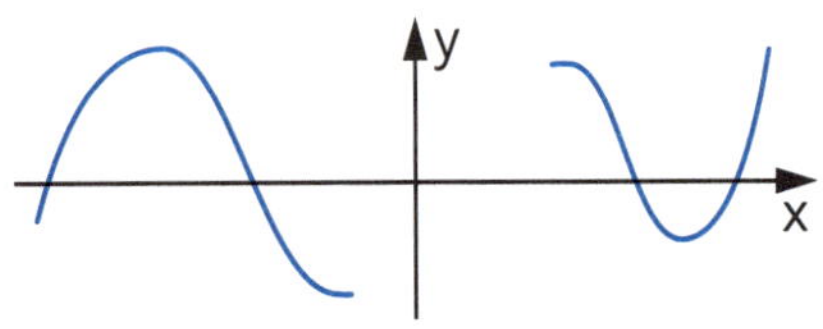

3. Zu jeder Funktionsgleichung gehört eine Wertetabelle, eine Beschreibung mit Worten und ein Funktionsgraph. Ordne sie einander zu und verbinde sie miteinander. Ergänze dabei die Lücken.

a) $y = x + 2$

b) $y = 2x$

c) $y =$ ________

d) $y = 2x + 2$

x	−2	0	2
y	4	0	4

x	−2	0	2
y			

x	−2	0	2
y	−2	2	6

x	−2	0	2
y	−4	0	4

Jeder Zahl x wird die Summe aus sich selbst und 2 zugeordnet.

Jeder Zahl x wird ihre Quadratzahl zugeordnet.

Jeder Zahl x wird ________ zugeordnet.

Jeder Zahl x wird ihr Doppeltes vermehrt um 2 zugeordnet.

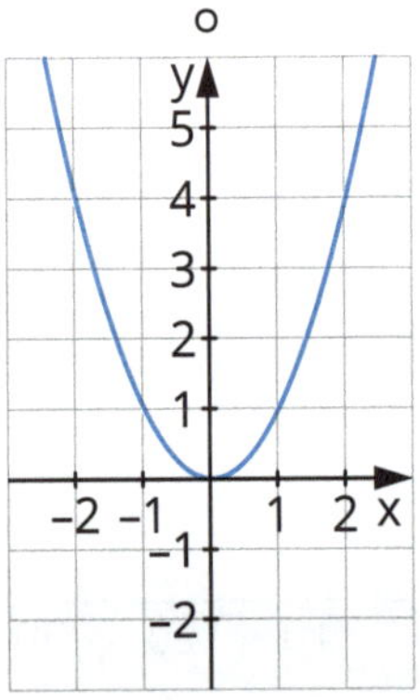

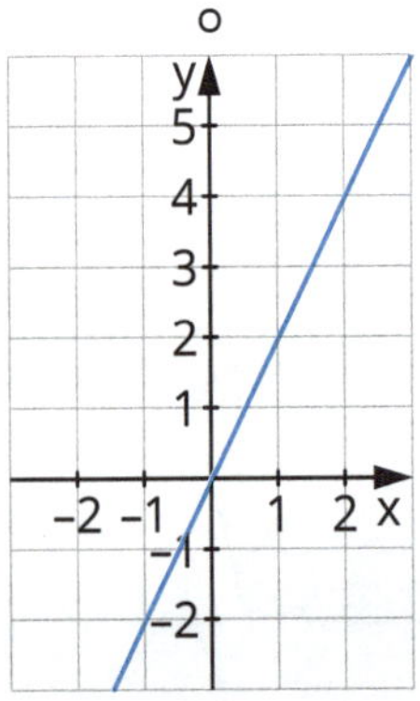

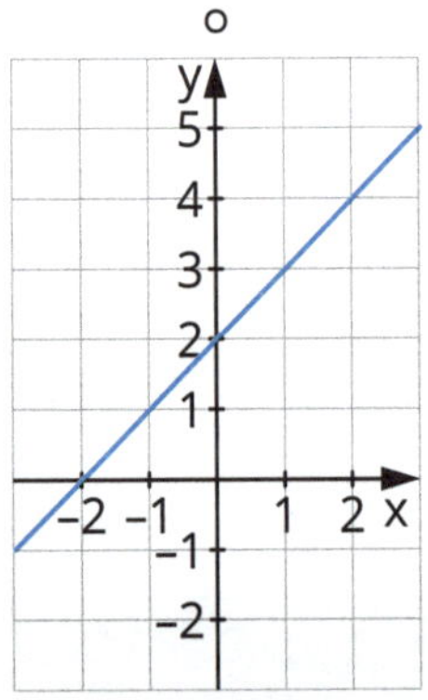

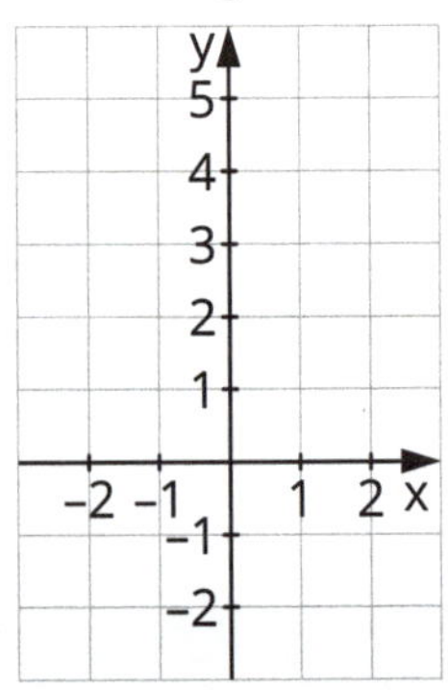

Lineare Funktionen

1. Ordne die passende Funktionsgleichung der Wertetabelle zu.

Ⓐ

x	1	2	3	4	5
y	2	4	6	8	10

y = ______________

Ⓑ

x	1	2	3	4	5
y	0,5	1	1,5	2	2,5

y = ______________

Ⓒ

x	1	2	3	4	5
y	–0,5	0	0,5	1	1,5

y = ______________

Ⓓ

x	1	2	3	4	5
y	–1	0	1	2	3

y = ______________

Ⓔ

x	1	2	3	4	5
y	3	4	5	6	7

y = ______________

$y = x - 2$

$y = \frac{1}{2}x$

$y = \frac{1}{2}x - 1$

$y = x + 2$

$y = 2x$

2. Für eine Taxifahrt in Althausen zahlt der Fahrgast eine Grundgebühr von 4 € und zusätzlich 1,50 € pro gefahrenem km.

a) Berechne die Fahrpreise und ergänze die Tabelle.

x (km)	5	10	15			30	40
y (€)				34,00	41,50		

b) Zeichne den zugehörigen Graphen in das rechts abgebildete Koordinatensystem.

c) Gib die Funktionsgleichung für den Preis y bei einer Taxifahrt von x km an.

____

d) Die Preise für eine Taxifahrt in Althausen steigen: Ab dem 1. Januar wird die Grundgebühr um 25 % erhöht. Der Kilometerpreis steigt um 20 %.

Gib die Funktionsgleichung für den gestiegenen Preis y bei einer Taxifahrt von x km an und zeichne den zugehörigen Graphen in das rechts abgebildete Koordinatensystem.

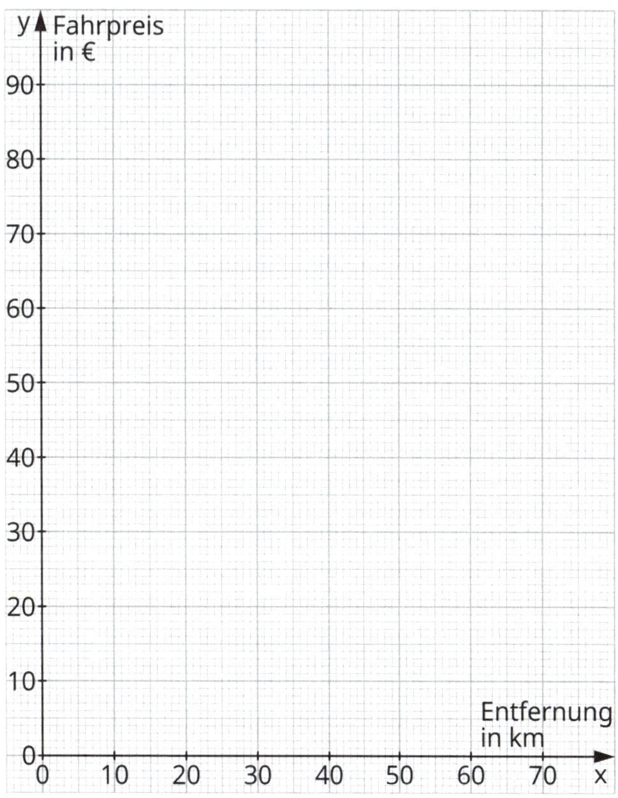

Steigung einer Geraden

1. Berechne jeweils die Steigung und gib an, welcher Berg am steilsten ist.

Ⓐ
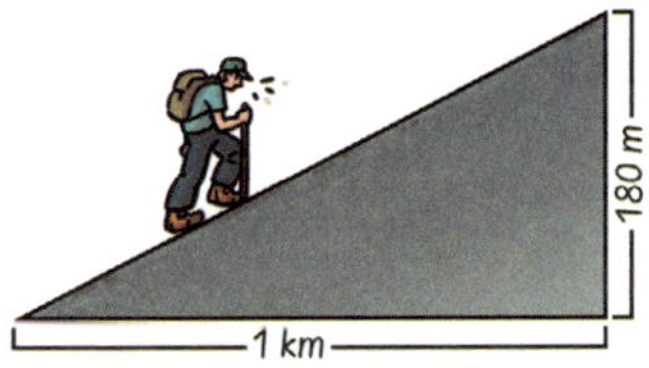

Ⓑ

Ⓒ

Antwort: ______

2. Bestimme die Steigung der Geraden mit allen eingezeichneten Steigungsdreiecken. Was stellst du fest?

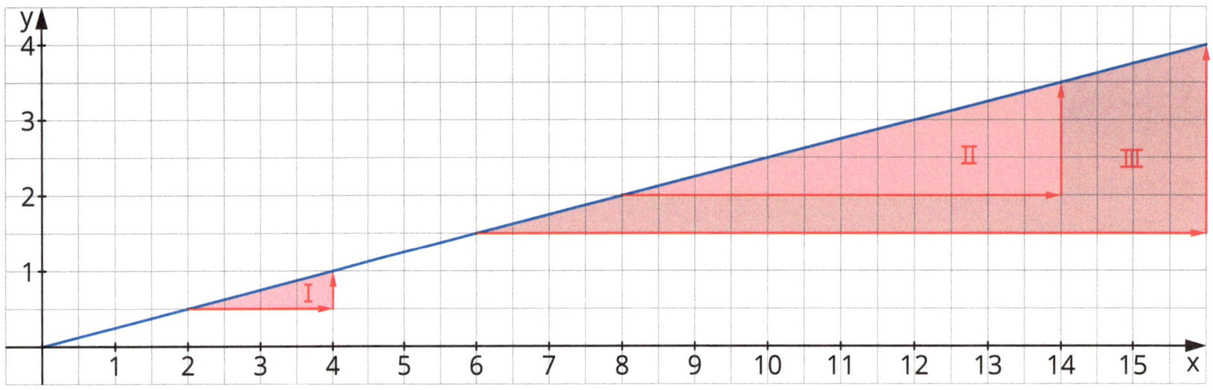

I

II

III

Antwort: ______

3. Bestimme die Steigung der Geraden.

a)
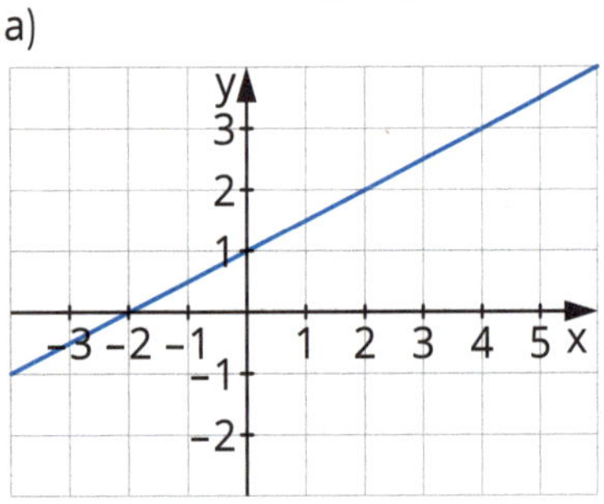

b)
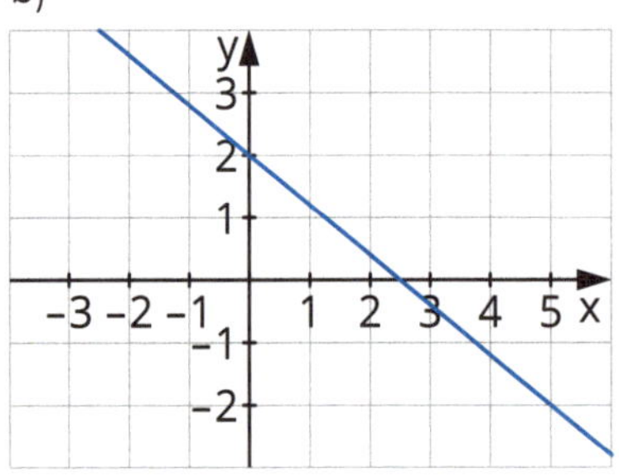

c)
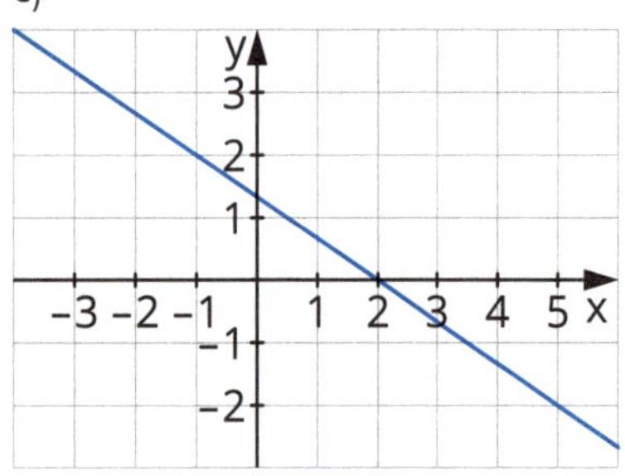

m = ______

m = ______

m = ______

4. Vervollständige die Sätze sinnvoll.

Eine Gerade mit negativer Steigung erkennt man daran, dass ______

Eine Gerade mit Steigung Null erkennt man daran, dass ______

Zwei Geraden mit derselben Steigung erkennt man daran, dass ______

Die Bedeutung von m und n bei linearen Funktionen

1. Zeichne ein Steigungsdreieck ein, lies die Steigung m des Graphen und seinen y-Achsenabschnitt n aus dem Koordinatensystem ab. Notiere dann die Funktionsgleichung.

a)

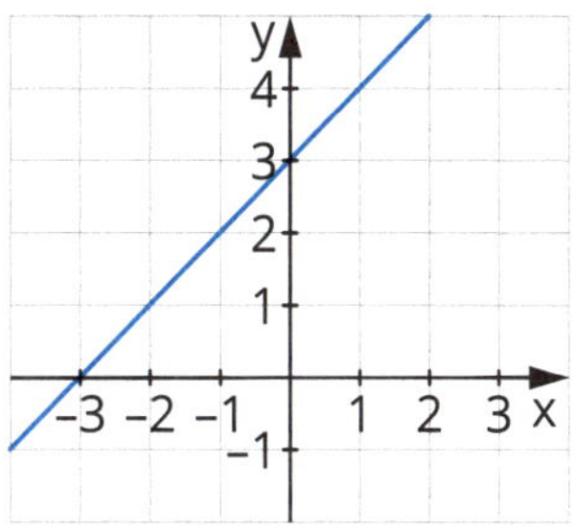

m = ______ n = ______

y = ______

b)

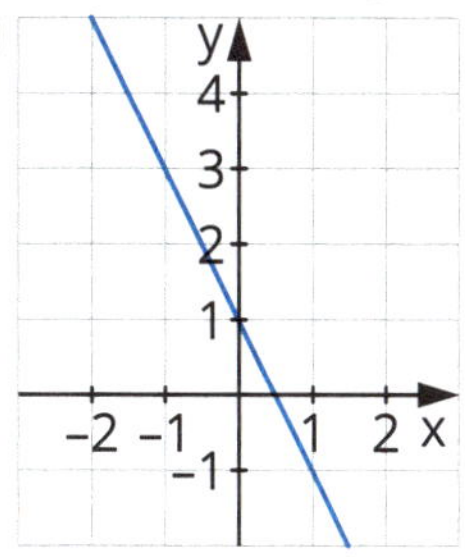

m = ______ n = ______

y = ______

c)

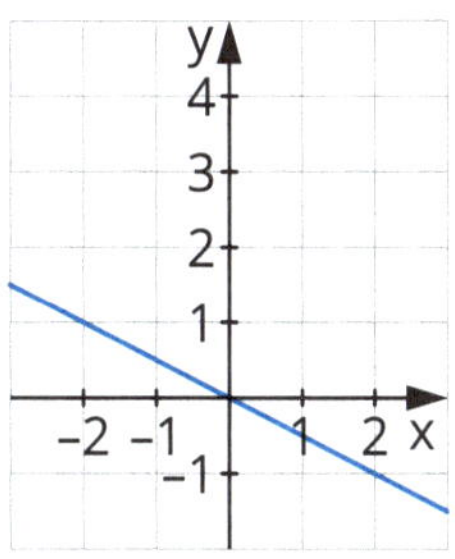

m = ______ n = ______

y = ______

d)

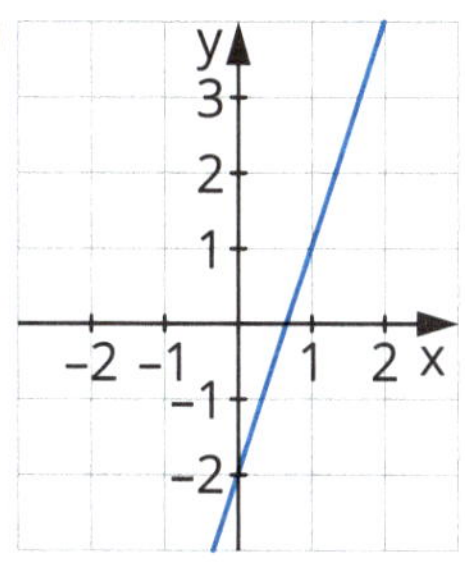

m = ______ n = ______

y = ______

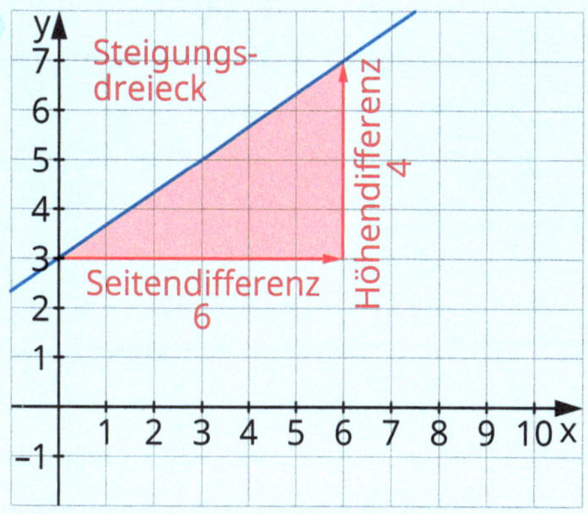

Ansatz: $y = mx + n$

Steigung $= \frac{\text{Höhendifferenz}}{\text{Seitendifferenz}}$

$m = \frac{4}{6} = \frac{2}{3}$

Schnittpunkt mit der y-Achse $(0|3)$, also $n = 3$

Geradengleichung:
$y = \frac{2}{3}x + 3$

2. Gib zuerst m und n an. Färbe dann den zugehörigen Graphen in der passenden Farbe.

a) $y = 2x - 3$ (gelb) m = ______ n = ______

b) $y = -\frac{7}{2}x + 1$ (rot) m = ______ n = ______

c) $y = -\frac{1}{2}x - 3$ (blau) m = ______ n = ______

3. Gib zuerst m und n an. Zeichne dann den zugehörigen Graphen in das Koordinatensystem.

a) $y = -x + 2$ m = ______ n = ______

b) $y = -0{,}5x$ m = ______ n = ______

c) $y = -2x - 2$ m = ______ n = ______

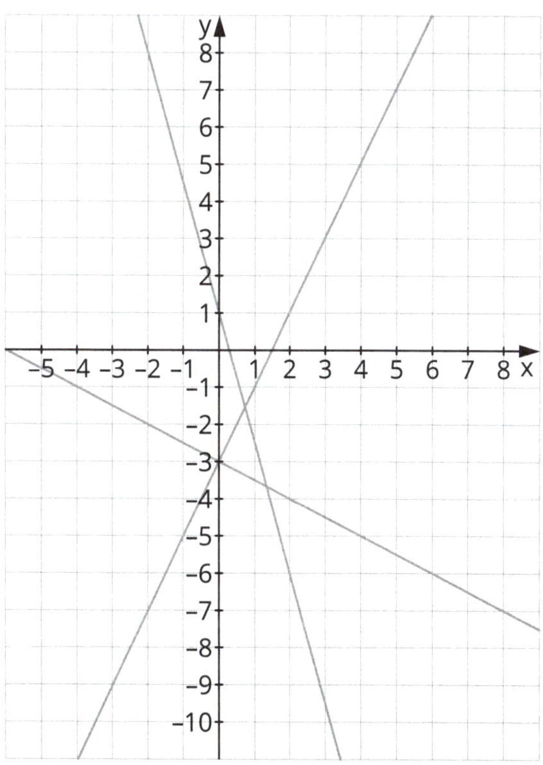

Aufstellen einer Funktionsgleichung

1. Erstelle mit den vorgegebenen Werten die Gleichung einer linearen Funktion, deren Graph ...

a) ... die y-Achse im Punkt (0|0) schneidet und durch den Punkt (2|4) geht.

____

b) ... parallel zur x-Achse verläuft und die y-Achse im Punkt (0|−4) schneidet.

____

c) ... möglichst steil verläuft und die x-Achse an der Stelle x = 1 schneidet.

____

$m = -2$ $m = -\frac{3}{2}$ $m = -2{,}5$ $m = 4$ $m = 2$ $m = 0$

$n = 4$ $n = 0$ $n = -1$ $n = -4$

2. Mit den angegebenen beiden Punkten einer Geraden kannst du sowohl m als auch n bestimmen. Es geht auch ohne Zeichnung, aber eine Skizze kann dir helfen.

a) A(0|−1) und B(6|2)

m = ______ n = ______ y = ______________

b) C(−2|6) und D(0|2)

m = ______ n = ______ y = ______________

c) E(0|3) und F(3|4)

m = ______ n = ______ y = ______________

d) G(−1|9) und H(9|−1)

m = ______ n = ______ y = ______________

3. Bestimme die Funktionsgleichung.

a) Die Gerade g_1 hat die Steigung 2,5 und geht durch den Punkt A(−2|2).

y = ______________

b) Die Gerade g_2 schneidet die x-Achse an der Stelle 6 und die y-Achse an der Stelle 2.

y = ______________

c) Die Gerade g_3 geht durch die Punkte B(−5|−6) und C(1|6).

y = ______________

d) Die Gerade g_4 geht durch den Punkt D(−5|2) und schneidet die y-Achse im rechten Winkel.

y = ______________

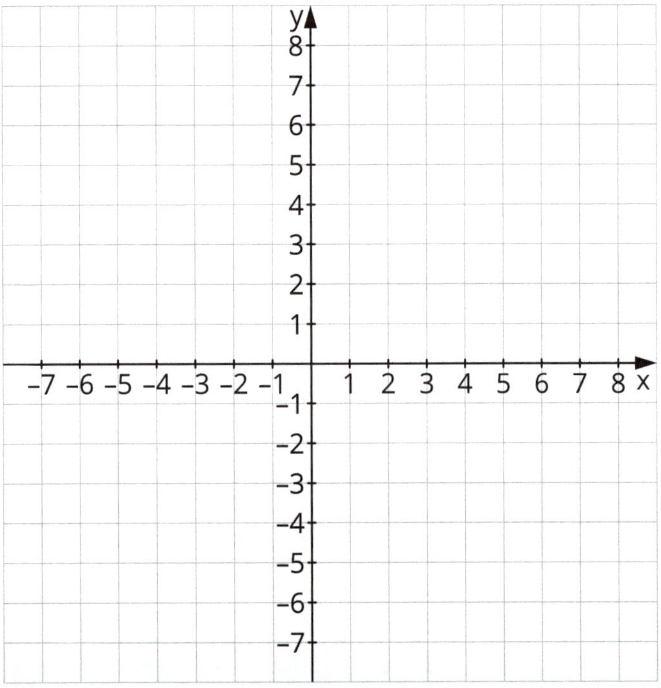

Lineare Funktionen in Sachzusammenhängen

1. Vervollständige die Tabelle.

<table>
<tr><th></th><th>Wertetabelle</th><th>Beschreibung mit Worten</th><th>Funktionsgleichung</th><th>Graph</th></tr>
<tr><td>a)</td><td><table><tr><td>Zeit in h</td><td>0</td><td>1</td><td>2</td></tr><tr><td>Wasserstand in cm</td><td>250</td><td></td><td></td></tr></table></td><td>Aus einem Becken wird Wasser abgepumpt. Der Wasserstand von ursprünglich 250 cm sinkt in der Stunde um 25 cm.</td><td></td><td>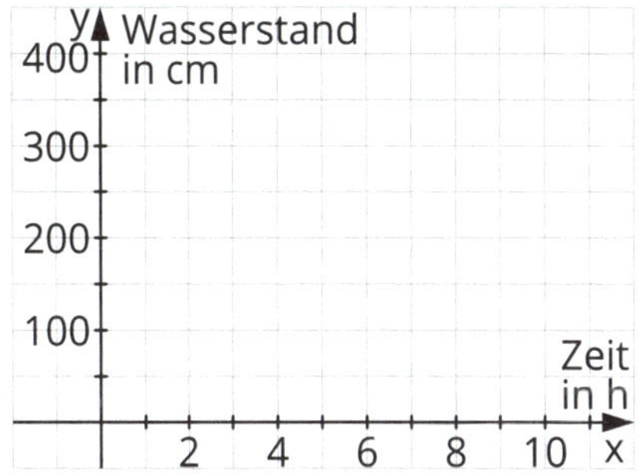
</td></tr>
<tr><td>b)</td><td><table><tr><td>Anzahl</td><td>2</td><td>4</td><td>6</td></tr><tr><td>Preis in €</td><td>4</td><td>8</td><td>12</td></tr></table></td><td></td><td></td><td>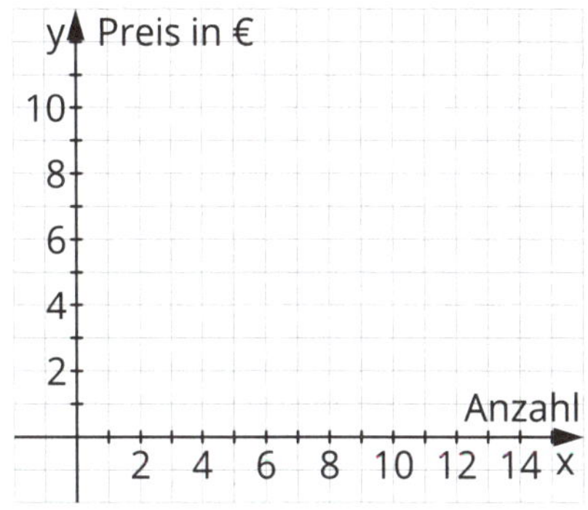
</td></tr>
<tr><td>c)</td><td><table><tr><td></td><td></td><td></td><td></td></tr><tr><td></td><td></td><td></td><td></td></tr></table></td><td>Zusätzlich zu der monatlichen Kontogebühr von 2 € verlangt die Bank 0,50 € pro Überweisung.</td><td></td><td>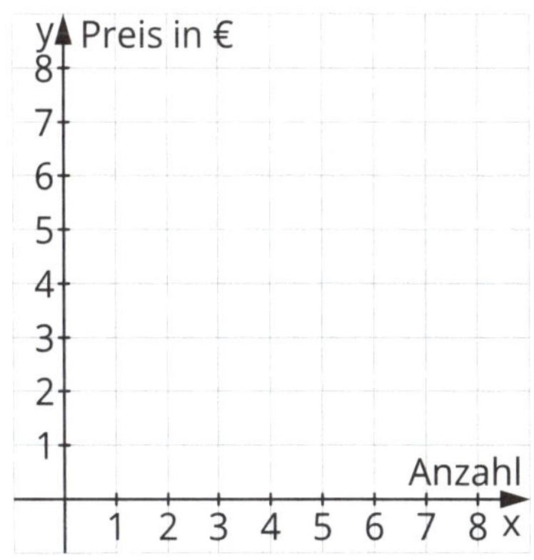
</td></tr>
<tr><td>d)</td><td><table><tr><td></td><td></td><td></td><td></td></tr><tr><td></td><td></td><td></td><td></td></tr></table></td><td></td><td>$y = -\frac{1}{2}x + 4$</td><td>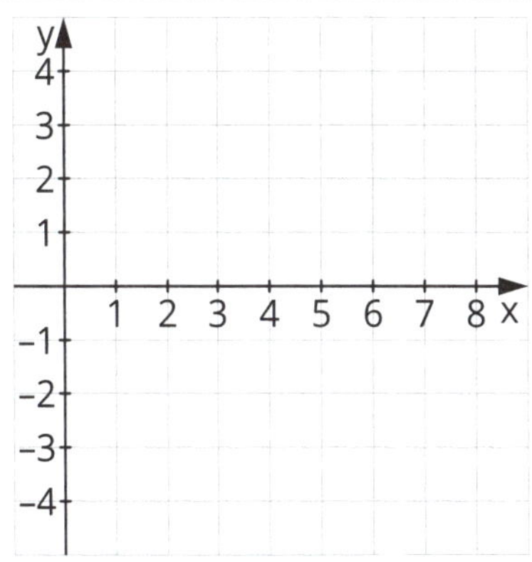
</td></tr>
</table>

Proportionale Funktionen

1. Fülle die Wertetabelle aus, zeichne den Graphen und gib die Funktionsgleichung an.
Sandra befüllt ihr leeres Aquarium gleichmäßig mit Wasser. Nach vier Minuten steht das Wasser 14 cm hoch.

Anzahl Minuten (x)	Höhe des Wasserstandes in cm (y)
0	
2	
4	
8	

y = ____________________

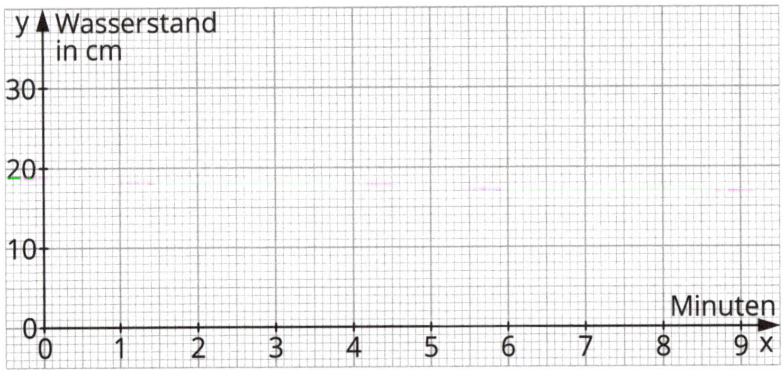

2. Fülle die Wertetabelle aus, zeichne den Graphen und gib die Funktionsgleichung an.
In einem Land in Europa kosten sechs Liter Super 9,00 €.

Anzahl Liter	Preis (€)
0	
6	
	12
10	
	6
2	

y = ____________________

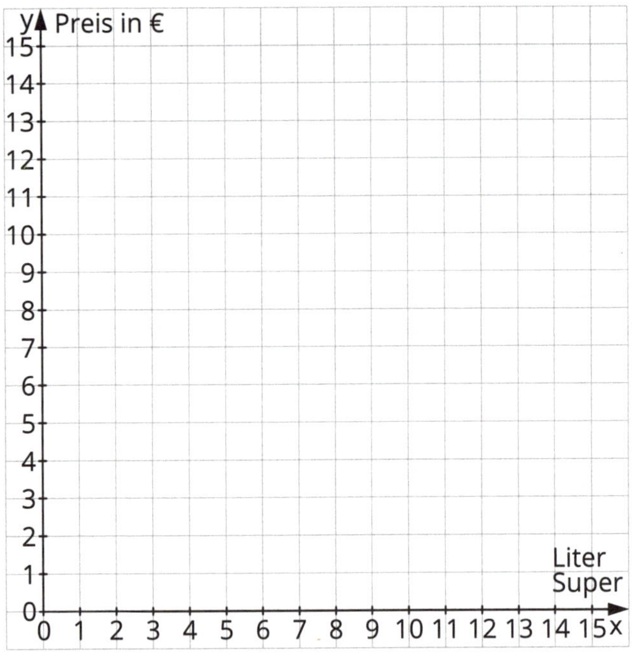

3. Entscheide zunächst, ob die zur Wertetabelle passende lineare Funktion proportional ist. Gib dann die zugehörige Funktionsgleichung an.

a)

x	0	4	8	12
y	4	16	28	40

proportional? ☐ ja ☐ nein

y =

b)

x	0	3	5	7
y	0	15	25	35

proportional? ☐ ja ☐ nein

y =

c)

x	3	6	9	12
y	15	27	39	51

proportional? ☐ ja ☐ nein

y =

d)

x	4	5	10	16
y	16	20	40	64

proportional? ☐ ja ☐ nein

y =

Änderungsraten

1. Bestimme zu jedem Zeit-Weg-Diagramm die Änderungsrate, wandle sie in km pro Stunde um und gib an, um welches der oben abgebildeten Tiere es sich handeln könnte.

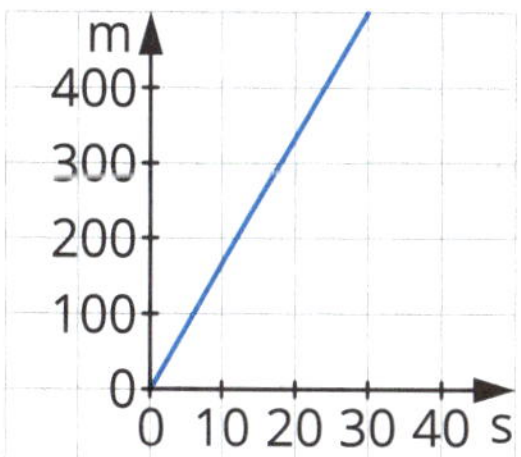

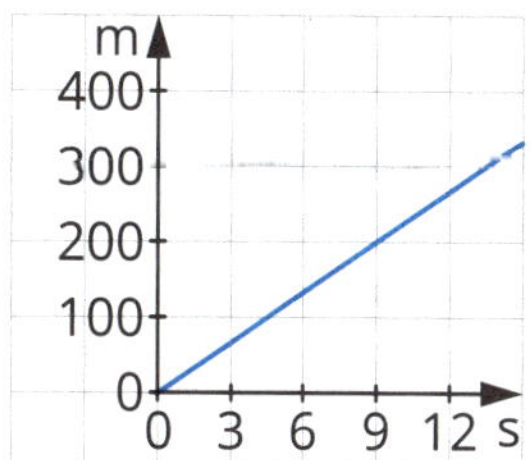

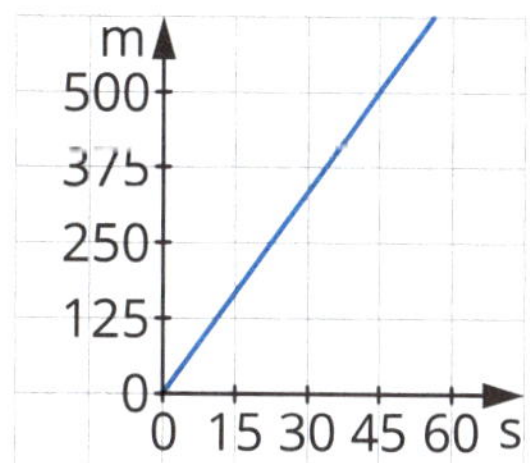

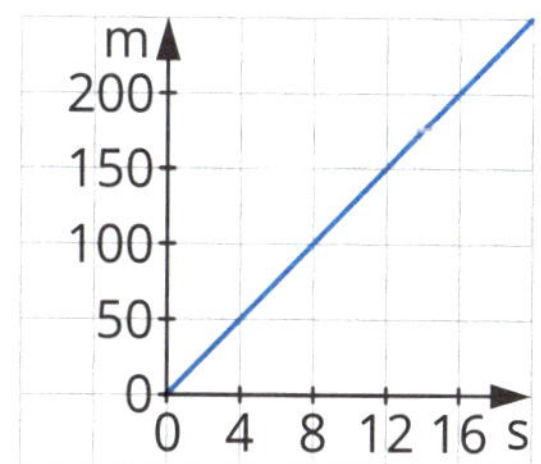

2. Der rechts abgebildete Graph beschreibt einen Taxi-Tarif. Bestimme die Änderungsraten der einzelnen Teilabschnitte und gib an, wie sich der Tarif zusammensetzt.

Grundgebühr: ______ €

_1_. bis _6_. km: ______ €

___. bis ___. km: ______ €

ab dem ___. km: ______ €

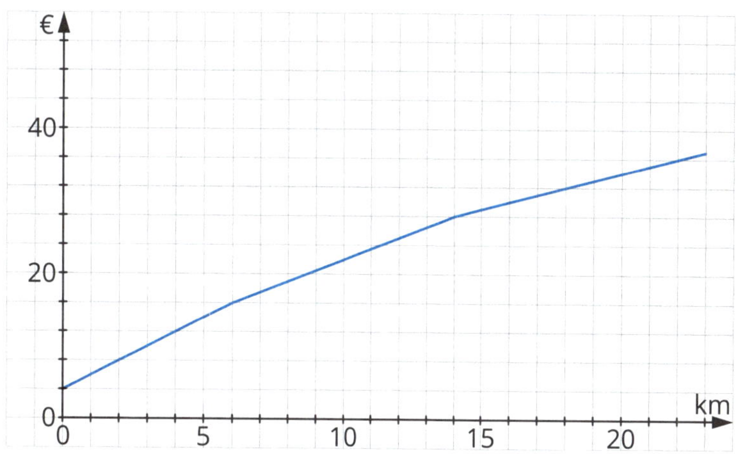

3. Je nach Zusammenhang, der durch einen Graphen beschrieben wird, hat die Änderungsrate eine bestimmte Bedeutung. Ergänze die Lücken in der Tabelle.

Funktionsgraph	Änderungsrate
der bis zum Zeitpunkt x zurückgelegte Weg y	
die Füllhöhe y einer Flüssigkeit zum Zeitpunkt x	*Steiggeschwindigkeit des Wasserpegels*
die Kosten y beim Kauf von x Eiskugeln	
die Masse y von x cm^3 eines Rohstoffs	
der Lohn y für eine geleistete Arbeit von x Stunden	

1. Lies die Steigung m des Graphen und seinen y-Achsenabschnitt n aus dem Koordinatensystem ab. Notiere dann die Funktionsgleichung.

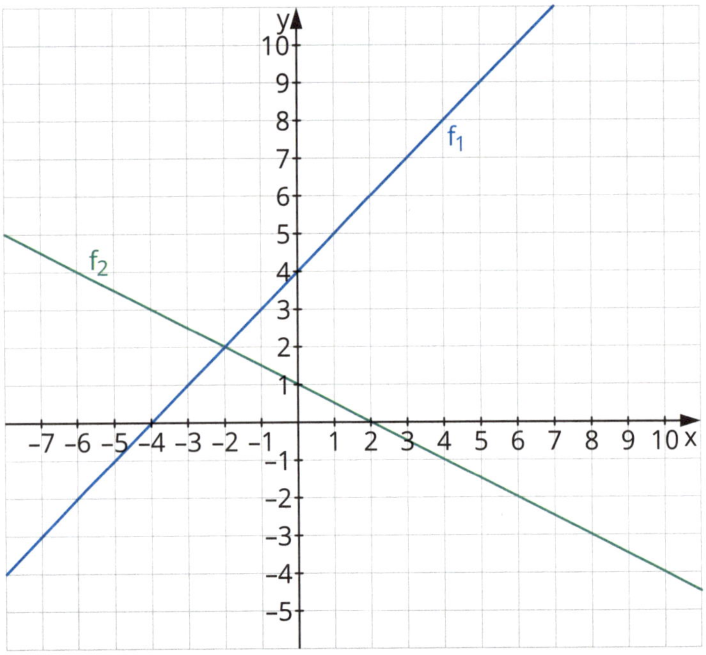

Graph f_1: m = ________ n = ________

y = ____________________

Graph f_2: m = ________ n = ________

y = ____________________

2. Zeichne die Graphen der Funktionen f_3 und f4 in das Koordinatensystem ein.
f_3: $y = 2x - 3$ f_4: $y = -\frac{5}{3}x + 8$

3. a) Gib die Funktionsgleichung von g_1 und g_2 an.

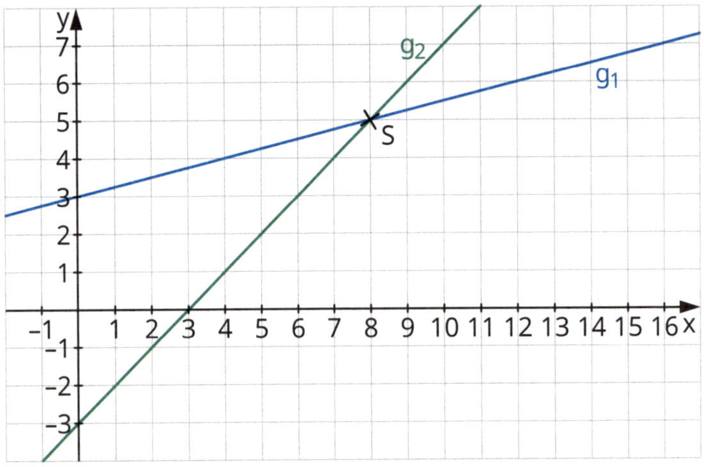

g_1: y = ____________________

g_2: y = ____________________

b) Die Gerade g_3 schneidet g_1 im Punkt S und trifft die x-Achse an der Stelle 16. Vervollständige ihre Funktionsgleichung.

g_3: y = ____________________

4. Timo zündet eine Geburtstagskerze an.
Nach 3 Minuten ist sie 6 cm hoch.
Nach 9 Minuten ist sie 2 cm hoch.

a) Zeichne den zugehörigen Funktionsgraphen und gib die Funktionsgleichung an.

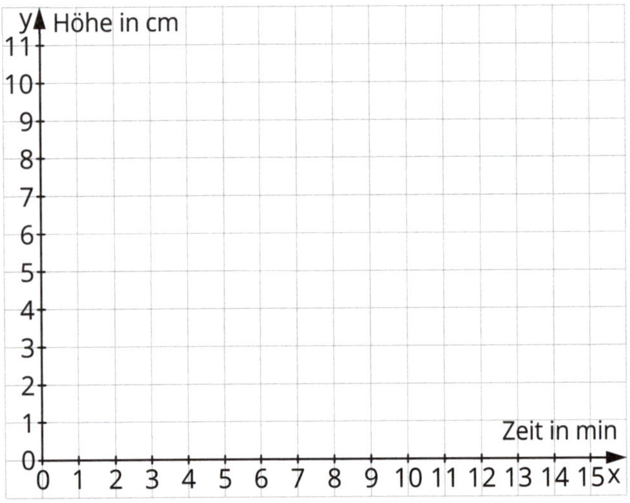

y = ____________________

b) Lies die Schnittpunkte des Graphen mit den beiden Koordinatenachsen ab. Erkläre ihre Bedeutung im Sachzusammenhang.

____

____

____

c) Bestimme die Änderungsrate der Funktion mit zugehöriger Einheit. Erkläre ihre Bedeutung im Sachzusammenhang.

____

____

3 Ähnlichkeit

1. Abgebildet ist die Ferieninsel Sylt vor der Küste Norddeutschlands und Dänemarks.
Berechne die Länge (Nord-Süd-Ausdehnung) von Sylt.

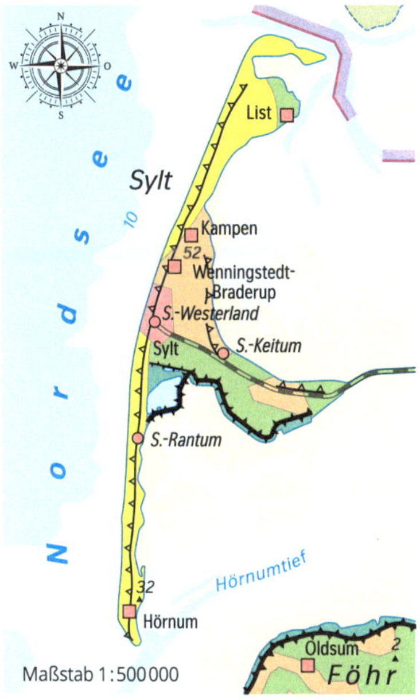

Antwort: ______________________________

2. Lege die Strecken mit einem Faden nach und ermittle so die Entfernungen auf dem Bild.

a) Berechne die Streckenlänge bei einer Fahrt auf dem Rhein von Karlsruhe bis Straßburg.

Antwort: ______________________________

b) Lisa behauptet: „Von Karlsruhe bis Basel sind es auf dem Rhein 180 km." Überprüfe, ob Lisa recht hat.

Antwort: ______________________________

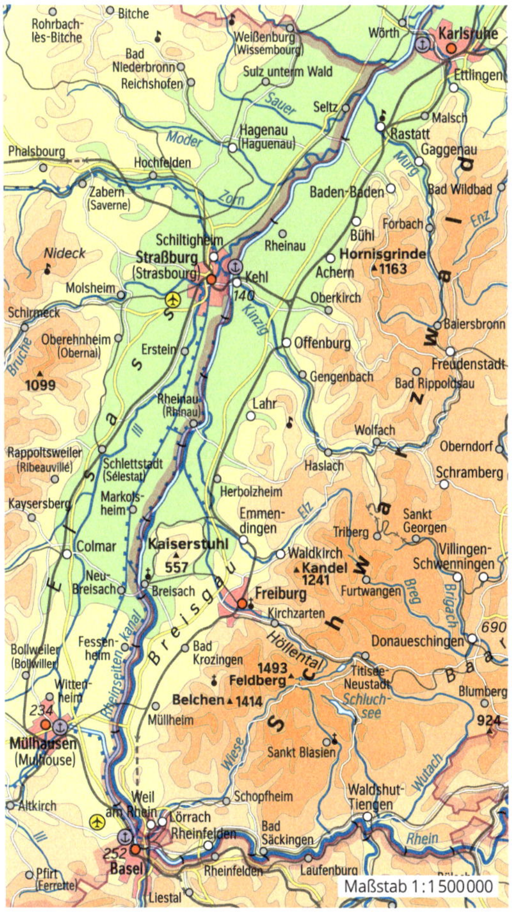

Maßstab

1. a) Gib den Maßstab der Karte an.

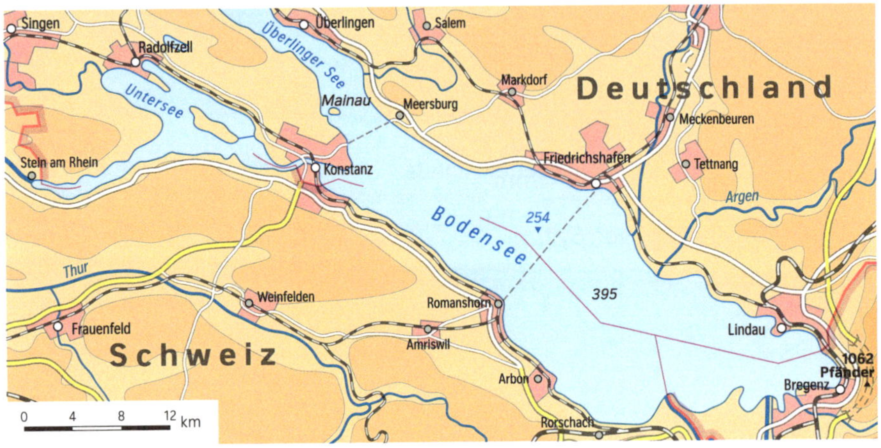

Entfernung von Friedrichshafen nach Romanshorn:

Karte: 2 cm
Wirklichkeit: 12 km

12 km : 2 cm
= 12 000 m : 2 cm
= ________ cm : 2 cm
1: ________

Antwort: ________

b) Berechne die Länge der Strecke von Konstanz bis Bregenz über den Bodensee.

Antwort: ________

c) In welche Stadt kommt man von Romanshorn nach einer 24 km langen Schifffahrt?

Antwort: ________

2. Ergänze die Angaben in der Tabelle.

	a) Stadtplan	b) Wanderkarte	c) Weltkarte	d) Bauzeichnung
Maßstab	1:30 000	________	1:10 000 000	1:20
Länge in der Karte	________ cm	3,2 cm	10 cm	________ cm
Länge in Wirklichkeit	1,35 km	1,28 km	________ km	4,80 m

3. Die Karte gibt einen Überblick über Wanderwege im Vogelsberggebiet in Hessen. Ausgangs- und Endpunkt jeder Tour ist der Parkplatz unterhalb des Taufsteins.

a) Bestimme den Maßstab der Wanderkarte.

Maßstab: ________

b) Berechne die Luftlinienentfernung vom Ausgangspunkt bis zum Gackerstein.

Entfernung: ________

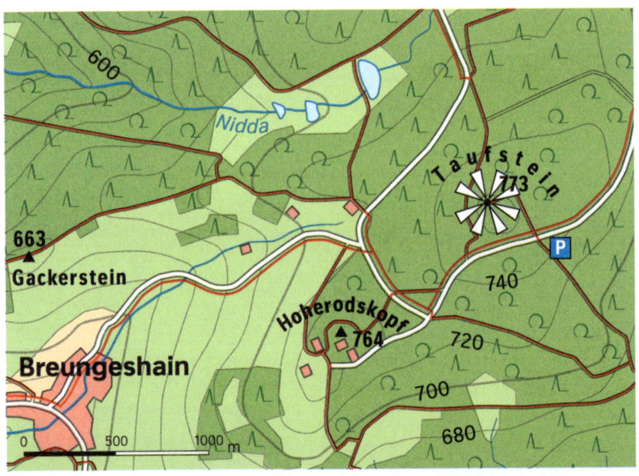

Längenverhältnisse von Strecken

1. Notiere das Längenverhältnis a : b der Strecken a und b so weit wie möglich gekürzt.
Kontrolle: Berg in Europa

a) a = 20 mm, b = 5 mm
b) a = 15 mm, b = 9 mm
c) a = 12 mm, b = 15 mm
d) a = 16 mm, b = 12 mm
e) a = 12 mm, b = 18 mm
f) a = 4 mm, b = 10 mm
g) a = 17 mm, b = 17 mm
h) a = 15 mm, b = 20 mm
i) a = 18 mm, b = 15 mm

1:1 (T) 2:3 (P) 2:5 (I) 3:4 (Z) 5:4 (L) 1:2 (O) 3:5 (F) 6:5 (E) 4:1 (Z) 4:3 (S) 4:5 (G) 5:3 (U)

Lösungswort: ______

2. a) Miss die Seitenlängen dieses Arbeitsheftes.

Höhe: ______ cm Breite: ______ cm

b) Entscheide: Hat das Arbeitsheft DIN-A4-Format?

______

c) Ein DIN-A5-Blatt hat dasselbe Seitenverhältnis wie ein DIN-A4-Blatt und ist mit 21 cm so hoch wie das DIN-A4-Blatt breit ist.

Die Breite des DIN-A5-Blattes ist also ______ cm.

d) Ein DIN-A3-Blatt ist mit 29,7 cm so breit wie ein DIN-A4-Blatt hoch ist.

Seine Höhe ist ______ cm.

3. Das Seitenverhältnis Breite : Höhe = 3 : 2 findet man häufig bei Fotos, auf Kleinbildfilmen und Digitalkameras.
a) Prüfe, ob das Papier mit den angegebenen Maßen im Format 3 : 2 ist.

15 cm : 10 cm ______

210 mm : 160 mm ______

b) Ein Bild hat das Format 3 : 2. Es ist 42 cm breit. Berechne seine Höhe. ______

______

c) Ein Bild hat das Format 3 : 2. Es ist 40 cm hoch. Berechne seine Breite. ______

______

Ähnliche Dreiecke

1. a) Konstruiere das Dreieck D mit den Maßen a = 4,5 cm; b = 3 cm und c = 6 cm.
b) Gib zweimal Längen für die Seiten a, b und c so an, dass die Dreiecke ähnlich zum konstruierten Dreieck D sind.

① a = ______; b = ______; c = ______

② a = ______; b = ______; c = ______

2. Welche der abgebildeten Dreiecke sind zueinander ähnlich? Achtung: Die Dreiecke sind nur skizziert; achte nur auf die Maße und nicht auf die Form der Dreiecke.

①
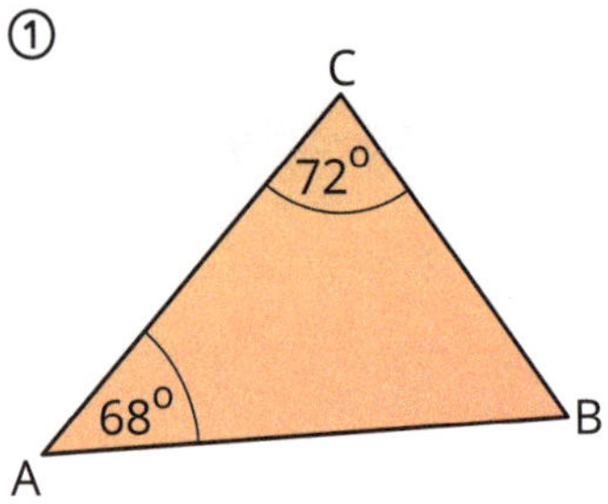

②
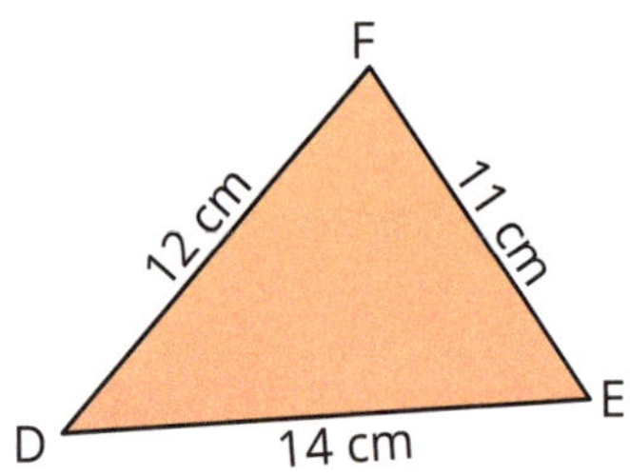

③
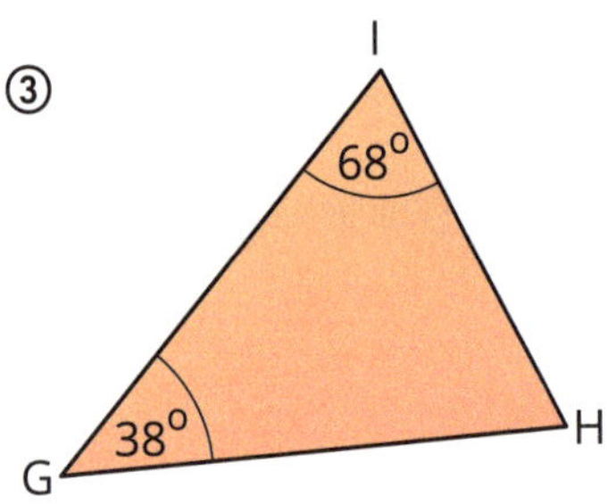

④
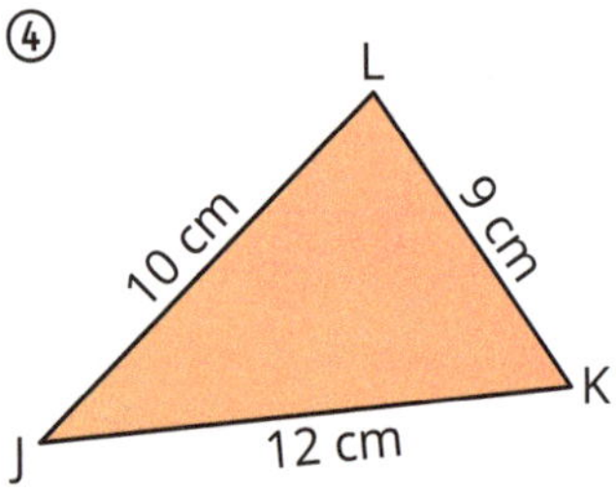

⑤
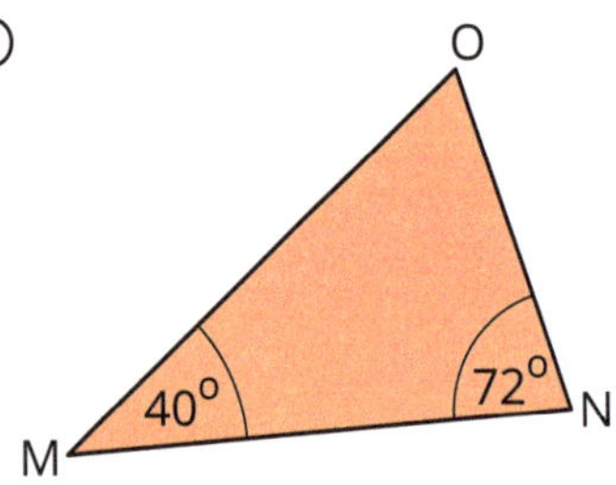

⑥
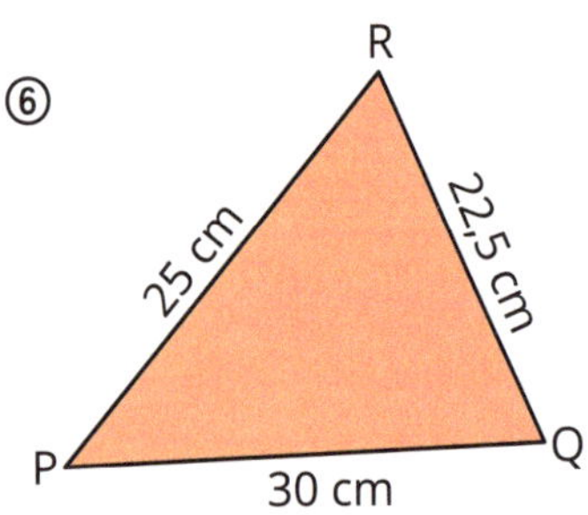

3. Das gelbe und das grüne Dreieck sind jeweils ähnlich. Berechne die Länge der gesuchten Seite.

a)
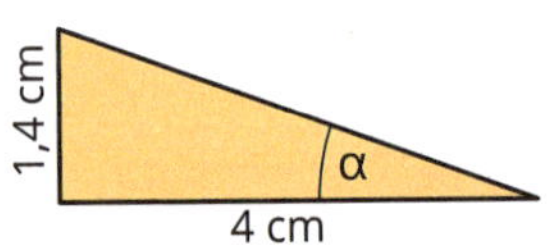

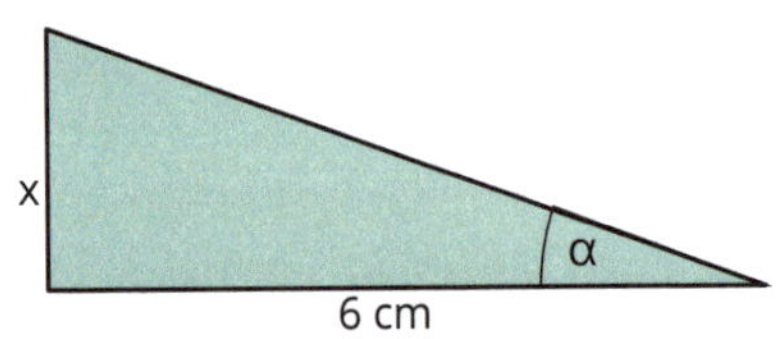

b)
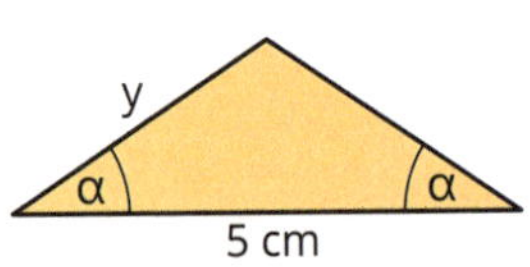

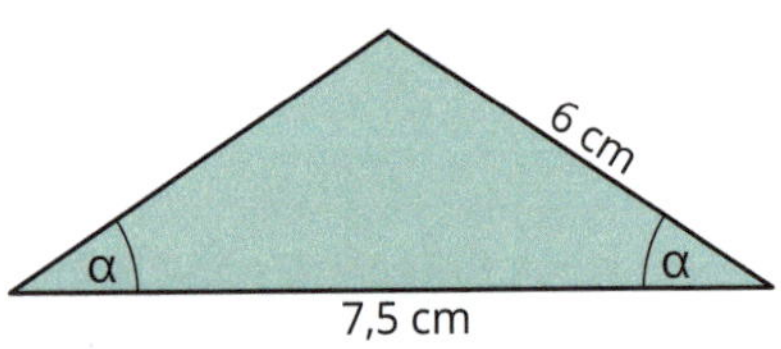

c)
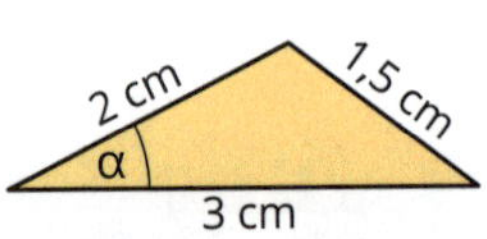

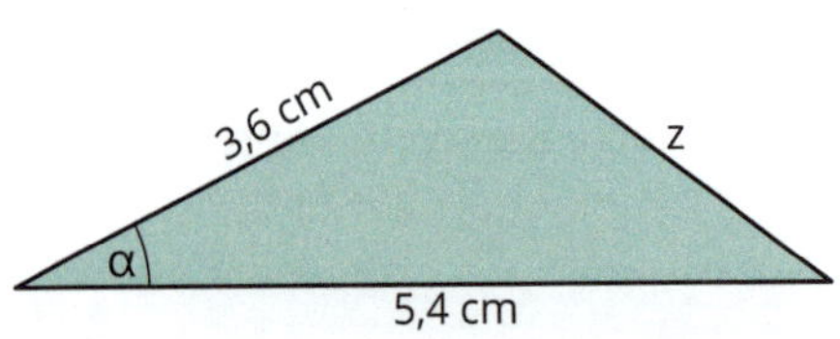

Strahlensätze

1. Berechne die gesuchte Streckenlänge. Die beiden Geraden g und h sind jeweils parallel.

a)

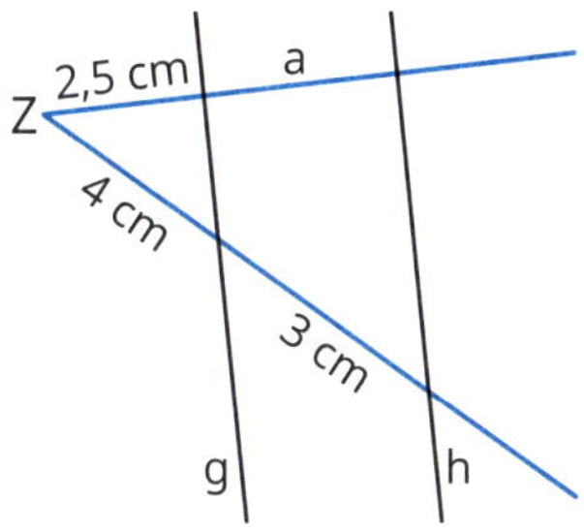

a = __________

b)

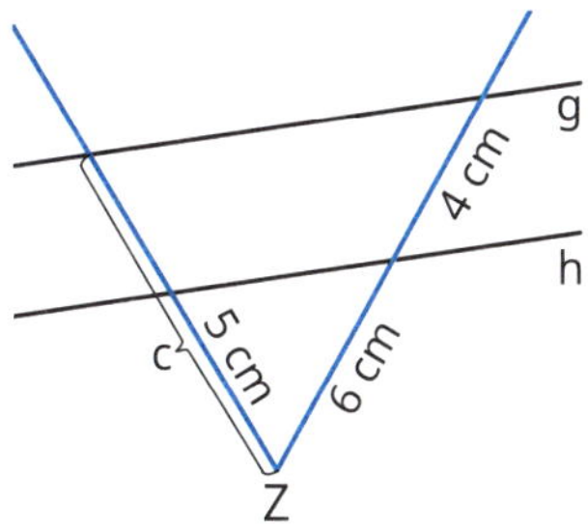

c = __________

c)

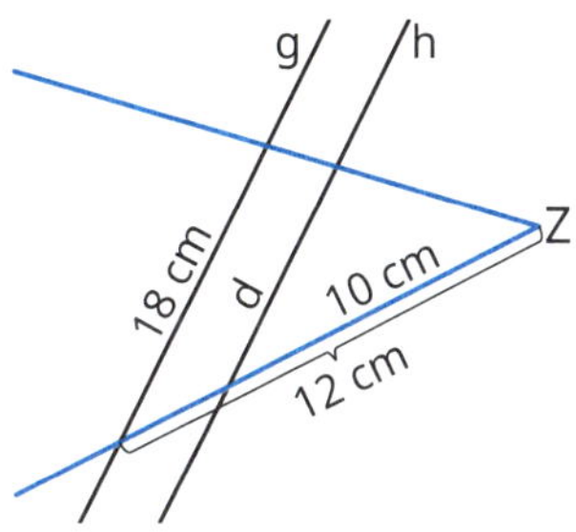

d = __________

d)

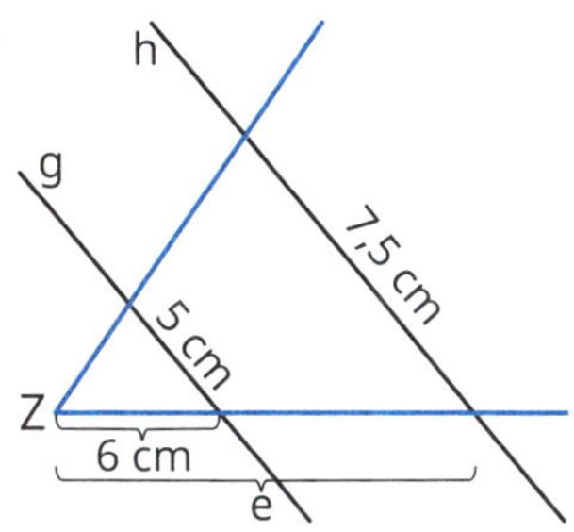

e = __________

e)

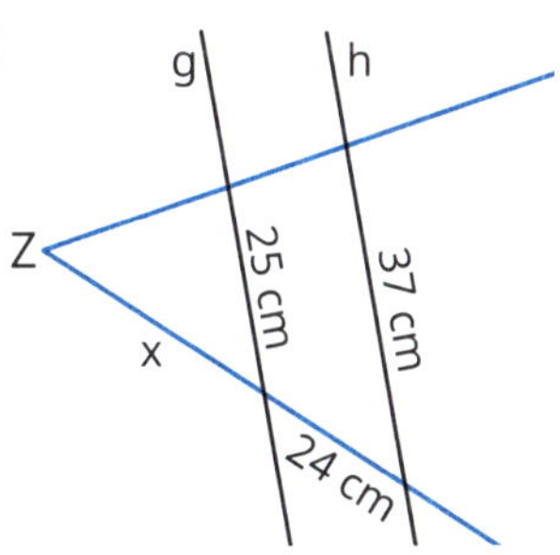

x = __________

f)

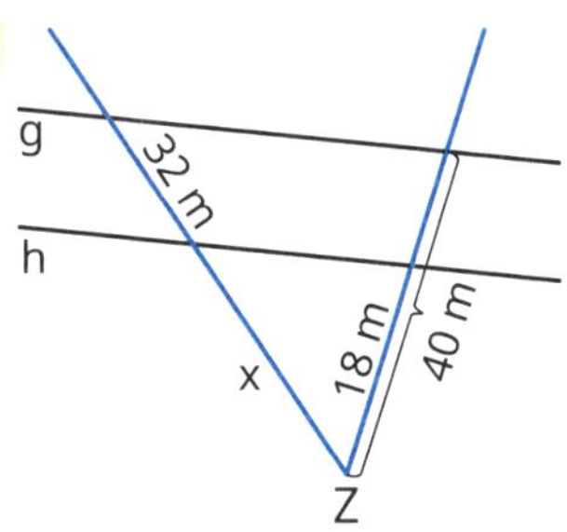

x = __________

2. Bestimme die Längen folgender Teilstrecken.

$\overline{AF}$ = ________ $\overline{AG}$ = ________ $\overline{BC}$ = ________

$\overline{BG}$ = ________ $\overline{AH}$ = ________ $\overline{HI}$ = ________

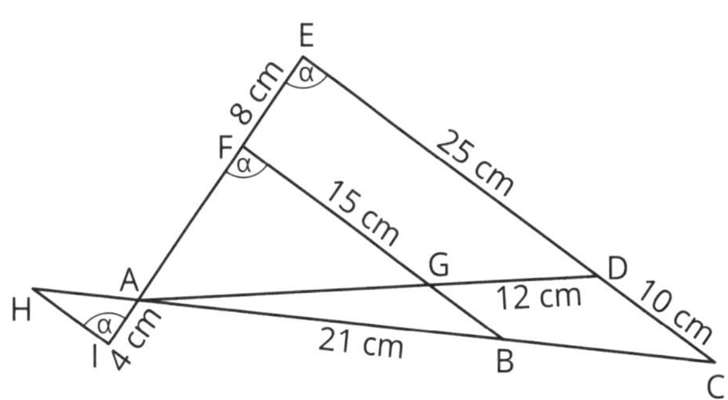

Anwendungen

1. Das Dach des Hauses wird über eine Stange angepeilt. Berechne die Höhe h des Hauses.

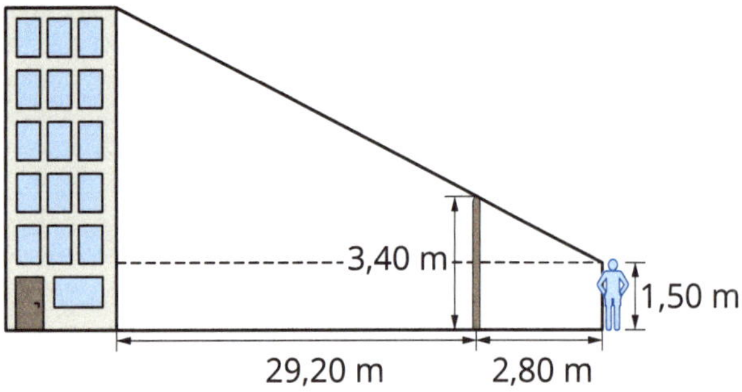

Antwort: ______________________

____

2. Um 14 Uhr wirft ein Fahnenmast bei Sonne einen 6,80 m langen Schatten. Zur gleichen Zeit ist der Schatten der 1,75 m großen Nele 85 cm lang.
a) Fertige eine Skizze an, auf der Nele so steht, dass beide Schatten an derselben Stelle enden.
b) Berechne die Höhe des Fahnenmastes.

Skizze: Rechnung:

Antwort: ______________________

3. Die Klasse 9a will mit 4 Stangen die Breite des Flusses bestimmen. Dazu wird der Baum am gegenüber liegenden Ufer angepeilt. Die Stangen A und B werden am Flussufer wie abgebildet 40 m voneinander entfernt aufgestellt. Stange C wird 23 m von A entfernt so aufgestellt, dass man von ihr aus genau über A den Baum anpeilt. Parallel zu $\overline{AB}$ wird Stange D 45 m weit getragen, bis man von ihr aus über B genau den Baum anpeilt. Wie breit ist der Fluss?

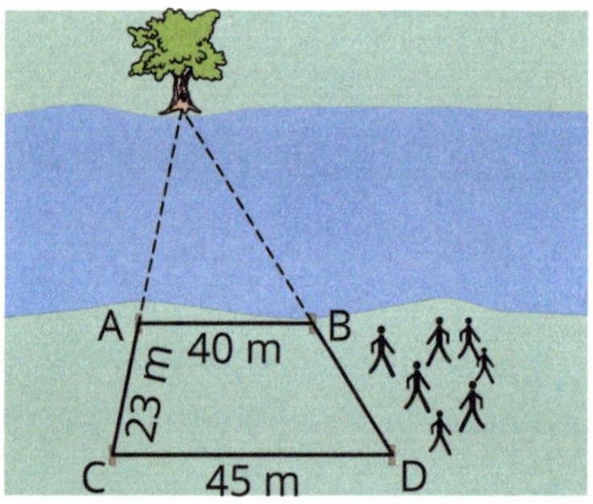

Antwort: ______________________

Zentrische Streckung

1. Führe die zentrische Streckung der Figur mit dem gegebenen Streckzentrum Z und dem Streckfaktor k durch.

a) k = 1,5

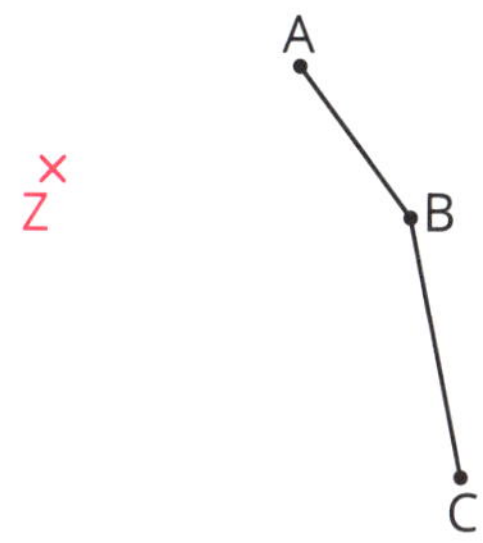

b) k = 0,8

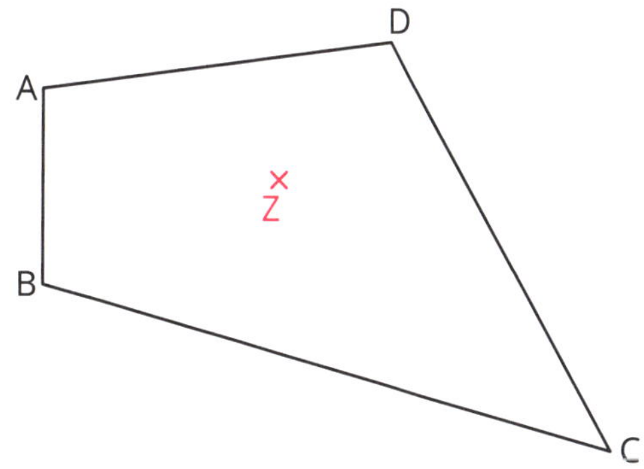

c) k = 3

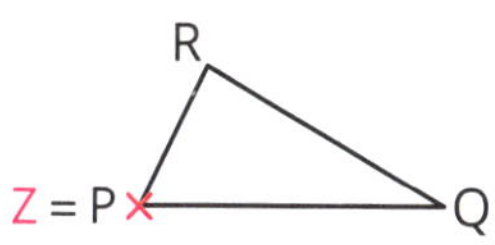

d) k = 0,5

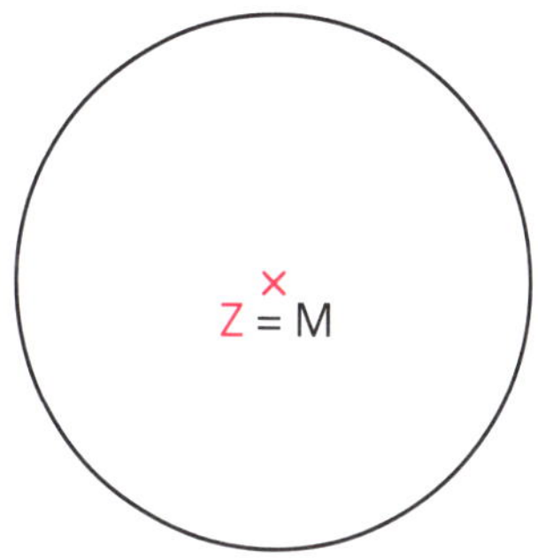

2. a) Zeichne das Dreieck ABC mit A(−3 | −2), B(1 | 2) und C(1 | 4) in das Koordinatensystem ein.

b) Führe eine zentrische Streckung mit Z = A und k = 2 durch und notiere die Koordinaten der Bildpunkte.

A′(____ | ____), B′(____ | ____), C′(____ | ____)

c) Berechne die Flächeninhalte der Dreiecke ABC und A′B′C′ und vergleiche.
Hinweis: 1 Karolänge steht hier für 1 cm.

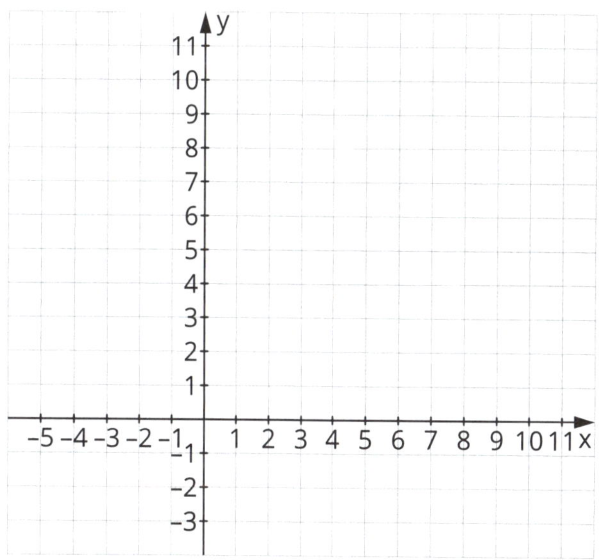

Antwort: ______________________________

3. Das Dreieck A′B′C′ ist durch zentrische Streckung der blauen Figur ABC entstanden.
Bestimme das Streckzentrum Z und ermittle den Streckfaktor k.

a) Z = ________ k = ________

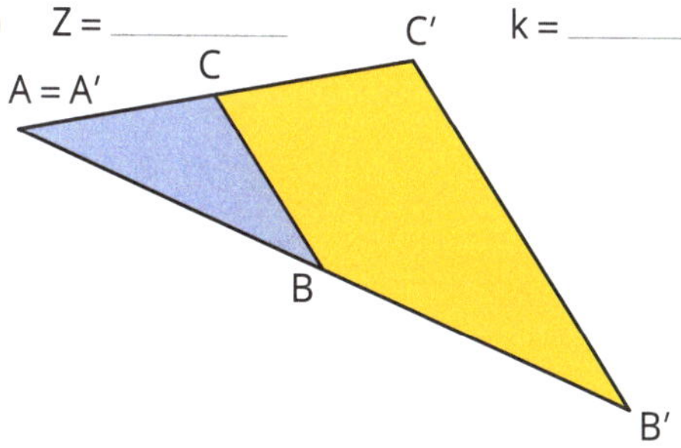

b) Z = ________ k = ________

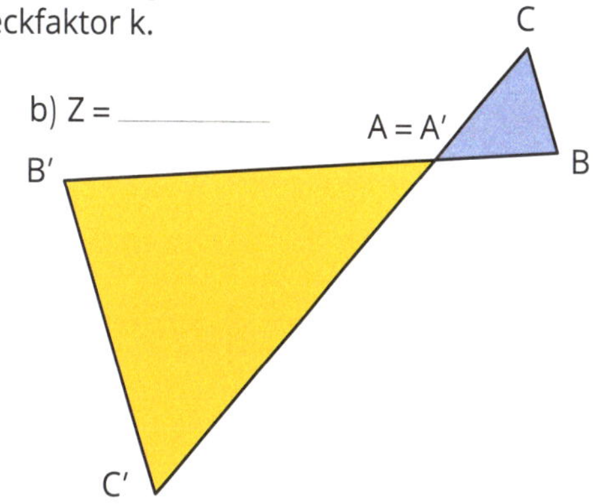

1. Berechne die fehlende Streckenlänge. Es gilt jeweils g || h.

a)

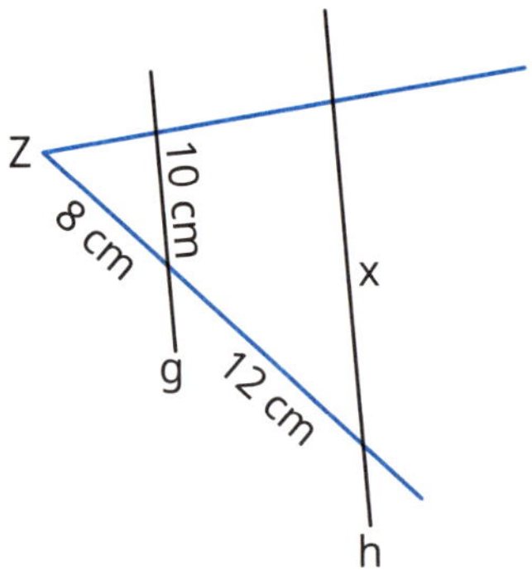

b)

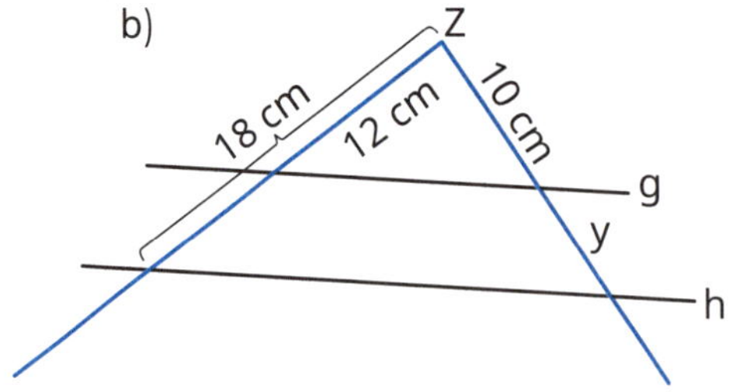

c)

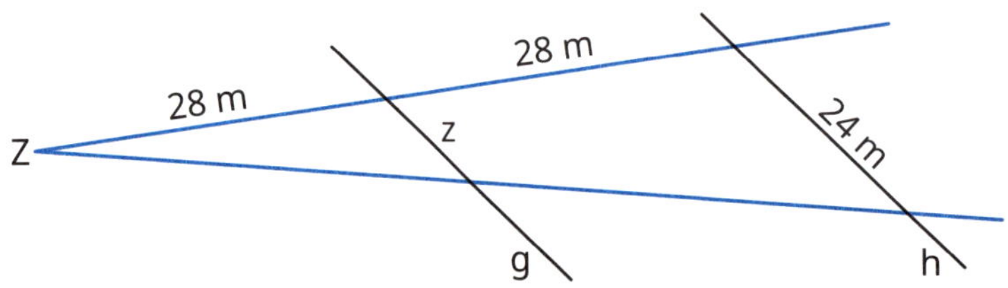

2. Am Rand eines Wanderwegs in der Nähe von Schmallenberg im Sauerland stehen Skulpturen von bekannten Künstlern. Eine davon ist hier abgebildet. Das Kunstwerk stammt von Timm Ulrichs und heißt „Blinker II – ein Lichtspieltheater".

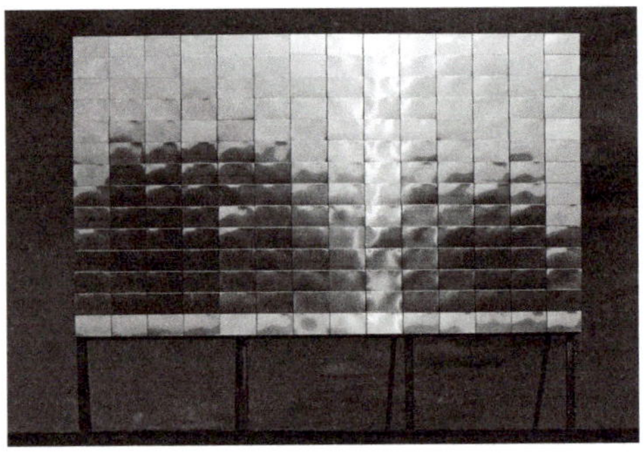

a) Jeder einzelne der beweglich eingehängten Edelstahl-Spiegel besitzt die Maße 50 cm x 83 cm. Wähle den ungefähren Maßstab des Fotos aus:

1:50 ☐ 1:100 ☐ 1:150 ☐ 1:250 ☐

b) Berechne die Originalgröße der Spiegelfläche.

3. Wahr oder falsch? Begründe.

Ⓐ Zwei Rechtecke, die doppelt so lang wie breit sind, sind ähnlich zueinander.

Ⓑ Zwei Dreiecke sind ähnlich, wenn sie in zwei Winkeln übereinstimmen.

Ⓒ Vierecke mit vier gleichlangen Seiten sind stets ähnlich zueinander.

Ⓓ Alle rechtwinkligen Dreiecke sind ähnlich.

Behauptung Ⓐ ist ____________, weil ______________________________

____

Behauptung Ⓑ ist ____________, weil ______________________________

____

Behauptung Ⓒ ist ____________, weil ______________________________

____

Behauptung Ⓓ ist ____________, weil ______________________________

____

4 Potenzen und Wurzeln

1. Schreibe die Potenz als Produkt und berechne dieses im Kopf.

a) $6^2 = 6 \cdot 6$ ____ = ____ b) $3^4 =$ ____ = ____

c) $4^3 =$ ____ = ____ d) $2^6 =$ ____ = ____

e) $(-2)^3 =$ ____ = ____ f) $(-7)^2 =$ ____ = ____

g) $(-1)^7 =$ ____ = ____ h) $(-5)^2 =$ ____ = ____

i) $20^2 =$ ____ = ____ j) $10^4 =$ ____ = ____

2. Vervollständige die Tabelle.

Produkt	$8 \cdot 8$				$(-6) \cdot (-6)$		$30 \cdot 30$
Potenz		2^4		4^3		$(-3)^3$	
Ergebnis			100				

3. Ordne die Potenzen ihren Ergebnissen in der Tabelle zu.

$81 = 3^4$ ____ = ____ = ____

$256 =$ ____ = ____ = ____

$625 =$ ____ = ____ = ____

~~3^4~~ 81^1 16^2 4^4 2^8 625^1 5^4 25^2 9^2

4. Berechne zuerst und entscheide dann: <, > oder =

a) $6 + 6$ ■ 6^2 (12 ____)
b) 5^2 ■ $5 \cdot 2$
c) 2^3 ■ 3^2
d) $1 \cdot 5$ ■ 1^5
e) 4^2 ■ 2^4

f) $3 \cdot 3$ ■ 3^3
g) 2^5 ■ $2 \cdot 5$
h) 4^3 ■ 3^4
i) $9 \cdot 9$ ■ 9^2
j) 10^2 ■ 5^3

5. Bestimme den Exponenten.

a) $27 = 3^{\_}$ b) $10 = 10^{\_}$ c) $125 = 5^{\_}$

d) $32 = 2^{\_}$ e) $64 = 4^{\_}$ f) $0{,}04 = 0{,}2^{\_}$

g) $\left(\frac{9}{25}\right) = \left(\frac{3}{5}\right)^{\_}$ h) $\left(\frac{16}{81}\right) = \left(\frac{2}{3}\right)^{\_}$ i) $0{,}001 = 0{,}1^{\_}$

3 5 4 3 2 4 2 1 3 3 5 3

Der Exponent ist die „Hochzahl“.

6. Wahr (w) oder falsch (f)? Kreuze an!

	(w)	(f)
a) Addiert man zwei gleiche Zahlen, so bildet man das Quadrat einer Zahl.	☐	☐
b) Der Exponent gibt die Anzahl der gleichen Faktoren in einem Produkt an.	☐	☐
c) Das Produkt $7 \cdot 7 \cdot 7$ aus drei gleichen Faktoren schreibt man kurz 7^3.	☐	☐
d) Das Produkt aus zwei gleichen Faktoren (z. B. $5 \cdot 5$) ist immer größer als ihre Summe $(5 + 5)$	☐	☐
e) Man bildet das Quadrat einer Zahl, indem man sie mit sich selbst multipliziert.	☐	☐

Potenzen

1. Beachte die Rechenregeln und rechne im Kopf. Notiere die Buchstaben hinter der Aufgabe unter die zugehörige Lösungszahl. Wenn du richtig gerechnet hast, ergibt sich ein Lösungswort.

a) $2 + 2 \cdot 3^2 =$ ______ (I)
b) $(2 + 5)^2 =$ ______ (O)
c) $2 \cdot 5^2 =$ ______ (B)
d) $(17 - 13)^3 =$ ______ (K)
e) $2 + 5^2 =$ ______ (L)
f) $3 \cdot 4^2 =$ ______ (R)
g) $8^2 + 6^2 =$ ______ (H)
h) $(16 - 10)^2 =$ ______ (A)

Lösungszahlen	64	49	100	27	48	36	50	20
Buchstaben								

2. Ein Blatt Papier wird mehrfach **in der Mitte** gefaltet und aufeinander gelegt. Die Dicke des Papiers beträgt etwa 0,1 mm.

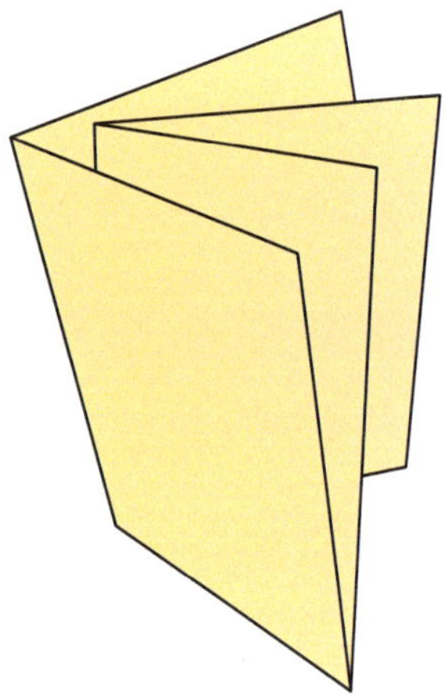

a) Wie viele Lagen Papier erhältst du, wenn du das Blatt 4-mal faltest?

Anzahl: ______

b) Papier kann bis zu 7-mal gefaltet und aufeinander gelegt werden.
Wie viele Lagen sind das und wie dick ist der Stapel nun? Schätze zuerst.

Schätzung: ______ Anzahl: ______ Dicke des Stapels: ______

c) Wie dick würde der gefaltete Papierstapel werden, wenn das Papier 25-mal gefaltet werden könnte? Schätze auch hier zuerst.

Schätzung: ______ Anzahl: ______ Dicke des Stapels: ______

d) Wie oft müsste man falten, um einen Papierstapel zu erhalten, dessen Höhe der Höhe des Klassenzimmers entspricht?

______

3. Setze >; < oder = ein.

a) $(1 + 2)^2$ ■ $1^2 + 2^2$
b) $1^3 + 2^4$ ■ $1^3 \cdot 2^4$
c) $2^2 + 4^2$ ■ $(2 + 4)^2$
d) $(1 + 2 + 3)^2$ ■ $3^3 + 2^3$
e) $1^3 + 2^3 + 3^3$ ■ $(1 + 2 + 3)^3$
f) $2^3 + 2^4$ ■ $2^3 \cdot 2^4$
g) $3^4 + 3^4$ ■ $4^3 + 4^3$
h) $3^2 \cdot 3^2$ ■ $(3 \cdot 3)^2$
i) $5^2 + 2^1$ ■ $2^5 + 1^2$

Zehnerpotenzen

1. Immer drei Angaben sind gleich. Verbinde.

10 Millionen	10^0	10 000
eins	10^4	10 000 000
einhunderttausend	10^{10}	100 000
zehntausend	10^7	10 000 000 000
10 Milliarden	10^5	1

2. Schreibe die Zahl einmal mit allen Nullen und einmal mit einer Zehnerpotenz als Faktor.

a) Fünftausend: ______

b) 12 Millionen: ______

c) 320 Milliarden: ______

d) Eintausenddreihundert: ______

e) 7 Millionen 500 Tausend: ______

f) 1 Million 20 Tausend: ______

3. Schreibe die Zahl als Zehnerpotenz.

a) 1 Million = ______ b) 1 Tausend = ______ c) 10 Milliarden = ______

d) 100 Millionen = ______ e) 10 Billiarden = ______ f) 100 Milliarden = ______

4. Schreibe das Ergebnis mit einer Zehnerpotenz als Faktor. Wenn du die Ergebnisse der Größe nach ordnest, beginnend mit der größten Zahl, ergeben die Buchstaben eine Freizeitaktivität.

a)	$30\,000 \cdot 200\,000$	6 000 000 000	$6 \cdot 10^{\square}$	C
b)	$4\,000\,000 \cdot 2\,000$			U
c)	$60 \cdot 60\,000$			E
d)	$500\,000 \cdot 120\,000$			A
e)	$30 \cdot 70\,000$			N
f)	$11\,000 \cdot 1\,100$			H
g)	$16\,000\,000 \cdot 400\,000$			T

Freizeitaktivität: ______

5. Durch die Coronapandemie erreichte die Staatsverschuldung weltweit ein Rekordhoch. Die Schulden Deutschlands beliefen sich im Oktober 2020 auf etwa 2,2 Billionen €.

a) Gib die Schulden mit einer Zehnerpotenz als Faktor an: ______

b) Berechne, wie viel Schulden auf jeden Einwohner Deutschlands entfallen. Schätze zuerst.

geschätzt: ______ gerundetes Ergebnis: ______

Zehnerpotenzen mit negativen Exponenten

1. Ergänze die Tabelle.

Dezimalschreibweise	10000	1000	100					
Zehnerpotenz	10^4	10^3	10^2					

2. Schreibe als Dezimalzahl.

a) 10^{-4} = ______ b) 10^{-7} = ______ c) 10^{-10} = ______

d) 10^{-8} = ______ e) 10^{-6} = ______ f) 10^{-5} = ______

3. Immer drei Angaben sind gleich. Verbinde.

7 Hundertstel	$\frac{7}{1000000000}$	$7 \cdot 10^{-6}$
7 Millionstel	$\frac{7}{1000000}$	$7 \cdot 10^{-1}$
7 Zehntel	$\frac{7}{100}$	$7 \cdot 10^{-3}$
7 Milliardstel	$\frac{7}{1000}$	$7 \cdot 10^{-2}$
7 Tausendstel	$\frac{7}{10}$	$7 \cdot 10^{-9}$

4. Schreibe die Zahl mit einer Zehnerpotenz als Faktor.

a) 0,034 $= 34 \cdot 0{,}001$
$= 34 \cdot 10^{-3}$

b) 0,7 = ______
= ______

c) 0,02 = ______
= ______

d) 0,004 = ______
= ______

e) 0,015 = ______
= ______

f) 0,47 = ______
= ______

5. Schreibe als Bruch und als Dezimalzahl.

a) $5 \cdot 10^{-3} = \frac{5}{1000} = 0{,}005$ b) 10^{-2} = ______

c) $3 \cdot 10^{-2}$ = ______ d) $7 \cdot 10^{-3}$ = ______

e) $8 \cdot 10^{-1}$ = ______ f) $35 \cdot 10^{-2}$ = ______

g) $27 \cdot 10^{-3}$ = ______ h) $602 \cdot 10^{-3}$ = ______

6. Ordne die Zahlen 10^{-4} | 0,1 | 10^{-6} | 0,001 | 10^6 | 10^2 | 0,00001 | 10^{-2} von klein nach groß.

______

7. Berechne.

a) $0{,}005 + 10^{-3}$ = ______ b) $0{,}8 - 10^{-4}$ = ______

c) $10^{-5} - 10^{-6}$ = ______ d) $10^{-4} + 10^{-6}$ = ______

e) $10^{-4} : 10^2$ = ______ f) $10^{-5} : 10^{-2}$ = ______

Standardschreibweise

1. Schreibe in der Standardschreibweise.

a) 24000 = $2{,}4 \cdot 10^4$ b) 13400 = ____ c) 50000000 = ____

d) 5200000000 = ____ e) 653000 = ____ f) 566000000 = ____

2. Schreibe wie im Beispiel.

a) $3{,}5 \cdot 10^5$ = 350000 b) $4{,}52 \cdot 10^3$ = ____ c) $7 \cdot 10^7$ = ____

d) $9{,}8 \cdot 10^2$ = ____ e) $3{,}8 \cdot 10^6$ = ____ f) $1{,}234 \cdot 10^4$ = ____

3. Schreibe die Dezimalzahl in der Standardschreibweise.

a) 0,02 = $2 \cdot 10^{-2}$ b) 0,004 = ____ c) 0,0607 = ____

d) 0,00345 = ____ e) 0,000078 = ____ f) 0,000765 = ____

g) 0,0000019 = ____ h) 0,0000000293 = ____ i) 0,0123 = ____

4. Schreibe als Bruch und als Dezimalzahl.

a) $10^{-3} = \frac{1}{1000}$ = 0,001 b) $7 \cdot 10^{-4}$ = ____ = ____

c) $3 \cdot 10^{-6}$ = ____ = ____ d) $5{,}4 \cdot 10^{-7}$ = ____ = ____

e) $8{,}8 \cdot 10^{-9}$ = ____ = ____ f) $3{,}3 \cdot 10^{-6}$ = ____ = ____

g) $6{,}6 \cdot 10^{-2}$ = ____ = ____ h) $1{,}23 \cdot 10^{-2}$ = ____ = ____

5. Finde drei Zahlen, die zwischen 0,001 und 0,002 liegen, und schreibe diese in der Standardschreibweise.

____ ____ ____

6. Je drei Zahlen haben denselben Wert. Ordne zu.

$4{,}06 \cdot 10^6$ | ~~$40{,}6 \cdot 10^8$~~ | 406 Millionen | 4,06 Millionen | 4,06 Milliarden | $0{,}406 \cdot 10^9$ | 0,406 Milliarden | $0{,}406 \cdot 10^7$ | $4{,}06 \cdot 10^9$

$40{,}6 \cdot 10^8$ = ____ = ____

____ = ____ = ____

____ = ____ = ____

7. Unsere Erde hat eine Masse von ca. $5{,}974 \cdot 10^{24}$ kg. Davon sind ca. $1{,}4 \cdot 10^{21}$ ℓ Wasser.
Gib den Anteil von Wasser in Prozent an.

Das Weltall

1. Viele Sterne im Weltall sind in Galaxien angeordnet. Auch die Milchstraße, zu der unser Sonnensystem gehört, ist eine solche Galaxie. Forscher schätzen, dass es im Universum ca. 100 Milliarden Galaxien mit jeweils ca. 200 Milliarden Sternen gibt. Wie viele Sterne sind das insgesamt? Gib die Zahl in der Standardschreibweise an.

2. Gib die Größen in Standardschreibweise in Metern an.

a) Durchmesser des Jupiter: 142 984 km

b) Durchmesser der Erde: 12 765 280 m

c) Wellenlänge von rotem Licht: $780 \cdot 10^{-7}$ cm

d) Wellenlänge von Röntgenstrahlung bis zu $5 \cdot 10^{-20}$ dm

3. Die Sonne ist etwa $1{,}5 \cdot 10^8$ km von der Erde entfernt.

a) Wie lange braucht das Sonnenlicht zur Erde? Lichtgeschwindigkeit: ungefähr 300 000 $\frac{km}{s}$

b) Wie lang wäre ein Passagierflugzeug mit einer Geschwindigkeit von 800 $\frac{km}{h}$ zur Sonne unterwegs?

c) Eine Rakete vom Typ Ariane 5 fliegt mit einer Geschwindigkeit von bis zu 28 000 $\frac{km}{h}$. Wie lang wäre eine solche Rakete von der Erde bis zur Sonne unterwegs?

d) Ein von der Erde ausgesandter Lichtimpuls, der auf dem Mond reflektiert wird, trifft nach 2,6 Sekunden wieder auf der Erde ein. Wie groß ist die Entfernung von der Erde zum Mond? Wie vielen Erddurchmessern (siehe Aufgabe 2b) entspricht dies?

Quadratwurzeln

1. Berechne ohne Taschenrechner.

a) $\sqrt{49} =$ ___ b) $\sqrt{81} =$ ___ c) $\sqrt{169} =$ ___ d) $\sqrt{225} =$ ___

e) $\sqrt{\frac{9}{100}} =$ ___ f) $\sqrt{\frac{25}{81}} =$ ___ g) $\sqrt{\frac{1}{4}} =$ ___ h) $\sqrt{\frac{49}{400}} =$ ___

2. Fülle die Lücken aus und rechne im Kopf.

a) $\sqrt{\_\_\_} = 8$ b) $\sqrt{\_\_\_} = 10$ c) $\sqrt{\_\_\_} = 12$ d) $\sqrt{\_\_\_} = 20$

e) $\sqrt{\frac{\_\_\_}{\_\_\_}} = \frac{1}{2}$ f) $\sqrt{\frac{\_\_\_}{\_\_\_}} = \frac{3}{8}$ g) $\sqrt{\frac{\_\_\_}{\_\_\_}} = \frac{2}{5}$ h) $\sqrt{\frac{\_\_\_}{\_\_\_}} = \frac{4}{11}$

3. Berechne mit dem Taschenrechner. Runde auf drei Stellen hinter dem Komma.

a) $\sqrt{15} \approx$ ___ b) $\sqrt{83{,}62} \approx$ ___ c) $\sqrt{500} \approx$ ___

d) $\sqrt{0{,}7} \approx$ ___ e) $\sqrt{200} \approx$ ___ f) $\sqrt{19{,}98} \approx$ ___

4. Zwischen welchen benachbarten natürlichen Zahlen liegt die Wurzel?

a) 3 $< \sqrt{15} <$ 4 b) ___ $< \sqrt{30} <$ ___

c) ___ $< \sqrt{20} <$ ___ d) ___ $< \sqrt{90} <$ ___

e) ___ $< \sqrt{120} <$ ___ f) ___ $< \sqrt{290} <$ ___

5. Gegeben ist der Flächeninhalt eines Quadrats. Berechne seinen Umfang.

a) $A = 36\ cm^2$ b) $A = 81\ cm^2$ c) $A = 400\ cm^2$

Umfang: ___ Umfang: ___ Umfang: ___

6. Gegeben ist die Oberfläche eines Würfels. Berechne die Kantenlänge.

a) $O = 294\ cm^2$ b) $O = 96\ cm^2$ c) $O = 600\ cm^2$

Kantenlänge: ___ Kantenlänge: ___ Kantenlänge: ___

7. Für seine 27 Schafe will Bauer Peter ein neues quadratisches Gehege mit 7225 m^2 bauen. Eine Seite ist von einer Bergwand begrenzt. Bauer Peter muss pro Meter Zaun 7,95 € bezahlen und für ein 3 m breites Gatter 289 €. Berechne die Gesamtkosten.

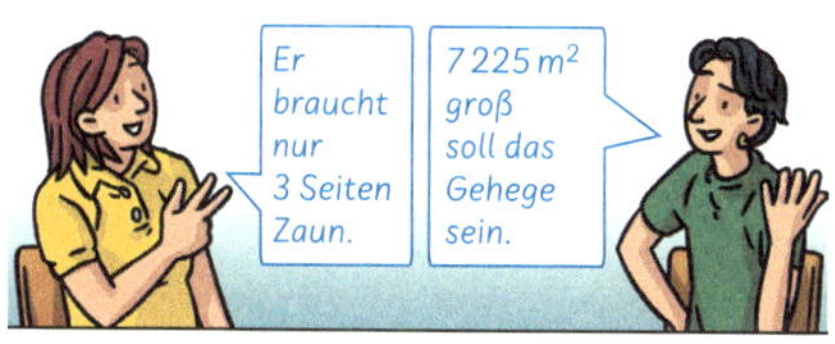

Kubikwurzeln

1. Berechne ohne Taschenrechner. Schreibe mit Begründung.

a) $\sqrt[3]{216} = 6$, denn
$6^3 = 6 \cdot 6 \cdot 6 = 216$

b) $\sqrt[3]{1} =$ ______, denn ______

c) $\sqrt[3]{27} =$ ______, denn ______

d) $\sqrt[3]{125} =$ ______, denn ______

e) $\sqrt[3]{8} =$ ______, denn ______

f) $\sqrt[3]{1000} =$ ______, denn ______

2. Fülle die Lücken aus und rechne im Kopf.

a) $\sqrt[3]{\quad} = 4$ b) $\sqrt[3]{\quad} = 1$ c) $\sqrt[3]{\quad} = 10$ d) $\sqrt[3]{\quad} = 20$

e) $\sqrt[3]{\quad} = \frac{1}{2}$ f) $\sqrt[3]{\quad} = \frac{3}{4}$ g) $\sqrt[3]{\quad} = \frac{2}{5}$ h) $\sqrt[3]{\quad} = \frac{4}{7}$

3. Berechne mit dem Taschenrechner. Runde auf Hundertstel.

a) $\sqrt[3]{100} \approx$ ______ b) $\sqrt[3]{10} \approx$ ______ c) $\sqrt[3]{200} \approx$ ______

d) $\sqrt[3]{80} \approx$ ______ e) $\sqrt[3]{20{,}5} \approx$ ______ f) $\sqrt[3]{0{,}5} \approx$ ______

4. Zwischen welchen aufeinanderfolgenden Zahlen liegt die Wurzel.
Überprüfe mit dem Taschenrechner.

a) $3 < \sqrt[3]{30} < 4$ b) ______ $< \sqrt[3]{10} <$ ______

c) ______ $< \sqrt[3]{100} <$ ______ d) ______ $< \sqrt[3]{65} <$ ______

e) ______ $< \sqrt[3]{20} <$ ______ f) ______ $< \sqrt[3]{130} <$ ______

5. Eine der beiden Aussagen ist wahr? Prüfe durch Potenzieren und kreuze korrekt an.

a) $\sqrt[3]{10000} = 10$ w f
$\sqrt[3]{1000} = 10$ w f

b) $\sqrt[3]{8000} = 20$ w f
$\sqrt[3]{800} = 20$ w f

c) $\sqrt[3]{2744} = 14$ w f
$\sqrt[3]{27744} = 14$ w f

d) $\sqrt[3]{17{,}28} = 1{,}2$ w f
$\sqrt[3]{1{,}728} = 1{,}2$ w f

e) $\sqrt[3]{0{,}001} = 0{,}1$ w f
$\sqrt[3]{0{,}003} = 0{,}1$ w f

f) $\sqrt[3]{132{,}61} = 5{,}1$ w f
$\sqrt[3]{132{,}651} = 5{,}1$ w f

6. Gegeben ist das Volumen eines Würfels. Berechne die gesuchten Größen.

a) $V = 512\ cm^3$
a = ______
O = ______

b) $V = 1\,000\ cm^3$
a = ______
O = ______

c) $V = 2{,}197\ m^3$
a = ______
O = ______

Rationale und irrationale Zahlen

1. Schreibe die Zahlen in die richtige Spalte.

abbrechende Dezimalzahl	rein periodische Dezimalzahl	gemischt periodische Dezimalzahl

$2{,}36\overline{7}$ $0{,}4$ $-3{,}111$ $2{,}75$ $-9{,}8181$ $0{,}\overline{3}$ $0{,}\overline{15}$ $3{,}\overline{2}$ $-9{,}\overline{205}$ $15{,}3\overline{45}$ $7{,}12\overline{3}$ $0{,}6\overline{17}$

2. Schreibe die rationale Zahl als Bruch. Prüfe mit dem Taschenrechner.

a) $0{,}75 =$ ______ b) $1{,}3 =$ ______ c) $0{,}123 =$ ______ d) $0{,}357 =$ ______

e) $0{,}\overline{75} =$ ______ f) $1{,}\overline{3} =$ ______ g) $0{,}\overline{123} =$ ______ h) $0{,}\overline{357} =$ ______

i) $0{,}7\overline{51} =$ ______ j) $1{,}3\overline{11} =$ ______ k) $0{,}1\overline{23} =$ ______ l) $0{,}3\overline{57} =$ ______

i)
$$100x = 75{,}15151\ldots$$
$$-\quad x = 0{,}75151\ldots$$
$$99x = 74{,}4$$
$$990x = 744$$
$$x = \_\_\_\_\_\_$$

3. Kreise alle irrationalen Zahlen ein.

$\sqrt{2}$ $\sqrt{16}$ $\sqrt{144}$ $\sqrt{99}$ $\sqrt{1\,000}$ $\sqrt{900}$ $\sqrt{160}$ $\sqrt{0}$ $\sqrt{1\,000\,000}$

$\sqrt{9}$ $\sqrt{2{,}5}$ $\sqrt{625}$ $\sqrt{0{,}9}$ $\sqrt{0{,}0225}$ $\sqrt{1{,}96}$ $\sqrt{4{,}04}$ $\sqrt{1{,}21}$ $\sqrt{980\,100}$

4. a) Ordne im Diagramm die Begriffe richtig zu.

reelle Zahlen | irrationale Zahlen | rationale Zahlen

b) Notiere die Zahlen in das richtige Feld.

$4{,}9$; $\sqrt{\frac{1}{4}}$; π; $\sqrt{50}$; $1{,}\overline{3}$; $\sqrt{\frac{1}{20}}$

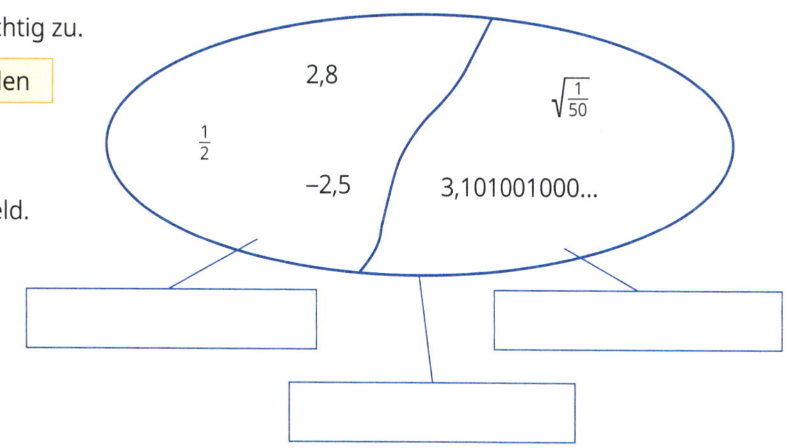

1. Schreibe als Dezimalzahl und als Zehnerpotenz.

a) $\frac{1}{100} =$ ______ b) $\frac{1}{1\,000\,000} =$ ______

c) $\frac{1}{1\,000} =$ ______ d) $\frac{1}{1\,000\,000\,000} =$ ______

e) $\frac{4}{1\,000} =$ ______ f) $\frac{340}{100\,000} =$ ______

2. Schreibe die Längen ausführlich mit Ziffern.

Erdradius	$6{,}378 \cdot 10^3$ km	
Atomdurchmesser	$1 \cdot 10^{-10}$ m	
Minimale Entfernung Erde – Mars	$5{,}6 \cdot 10^7$ km	
Dicke eines Mikrochips	$2 \cdot 10^{-5}$ m	
Entfernung, die das Licht in einem Jahr zurücklegt (1 Lichtjahr)	$9{,}461 \cdot 10^{12}$ km	

3. Schreibe die Zahl in der Standardschreibweise.

a) Die Lichtgeschwindigkeit beträgt 300 000 000 m/s.

______

b) Die Weltbevölkerung umfasste beim Jahreswechsel 2020/21 rund 7,84 Milliarden Menschen.

______

c) Der Äquator ist ca. 40 000 000 m lang. ______

d) Der Mensch besteht aus etwa 6 Billionen Zellen. ______

______

4. Ein Quader mit quadratischer Grundfläche und einer Höhe von 10 cm hat dasselbe Volumen wie ein Würfel mit der Oberfläche 150 cm². Welche Kantenlänge hat die Grundfläche des Quaders?

5. Ein Rechteck und ein Quadrat haben denselben Flächeninhalt. Das Rechteck ist dreimal so lang wie breit. Die Seitenlänge des Quadrats beträgt $5 \cdot \sqrt{3}$ cm. Berechne den Umfang des Rechtecks.

5 Satz des Pythagoras

1. Manche Dreiecke sind rechtwinklig. Markiere in den rechtwinkligen Dreiecken den rechten Winkel und die längste Seite.

a) b) c) d) e)

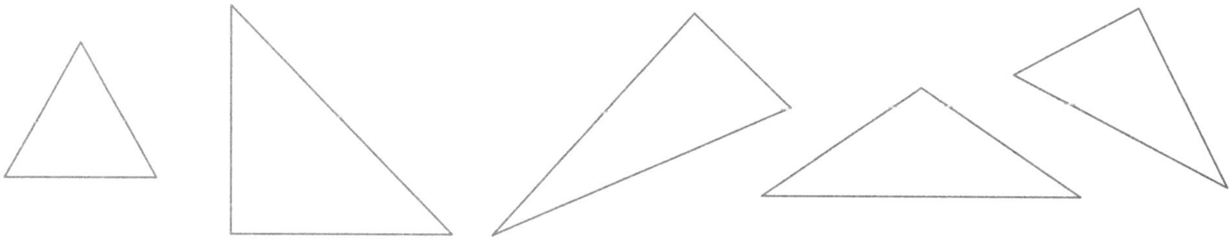

2. Ergänze die Sätze mit den Begriffen.

In jedem rechtwinkligen Dreieck liegt die ______________ Seite

dem ______________ Winkel gegenüber.

Sie heißt ______________________________.

Die ______________________________ schließen den

rechten Winkel ein.

kürzeste | rechten | langen Seiten | längste | Katheten | Hypotenuse

3. Markiere in jedem dieser rechtwinkligen Dreiecke den rechten Winkel sowie die Hypotenuse rot und die Katheten blau.

a) b) c)

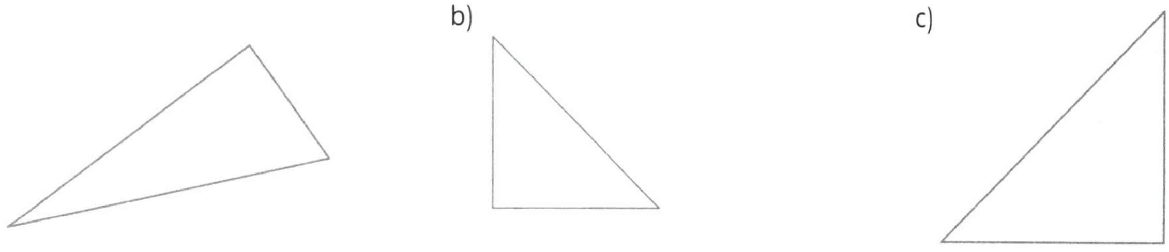

4. Zeichne den rechten Winkel ein. Beschrifte dann die Dreiecksseiten mit den Fachbegriffen.

a) b) c)

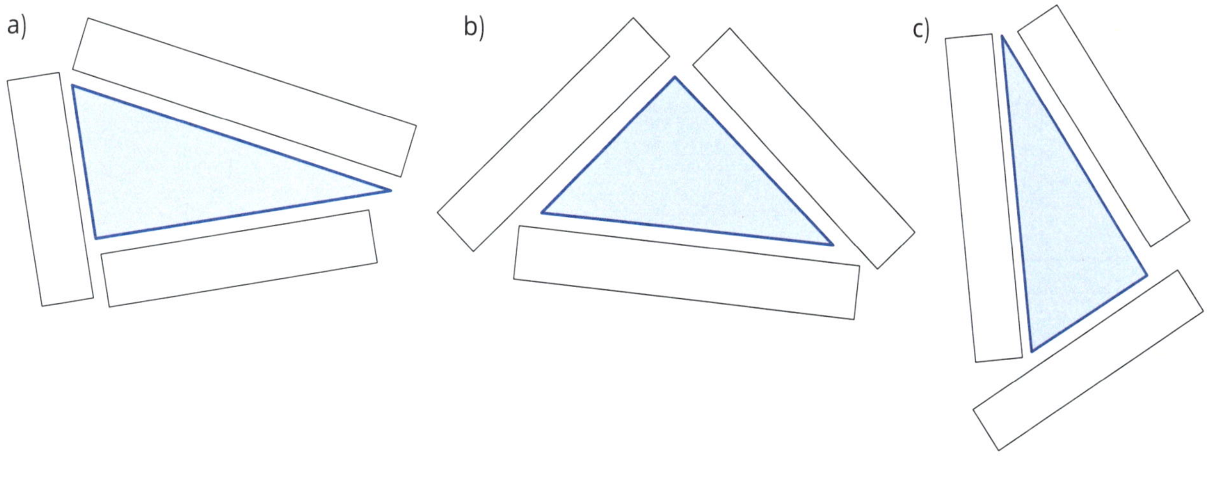

Satz des Pythagoras

1. Ergänze den Text.

Für jedes ______________ Dreieck gilt:

Die ______________ über den

beiden ______________ sind zusammen

so groß wie das Quadrat über

der ______________.

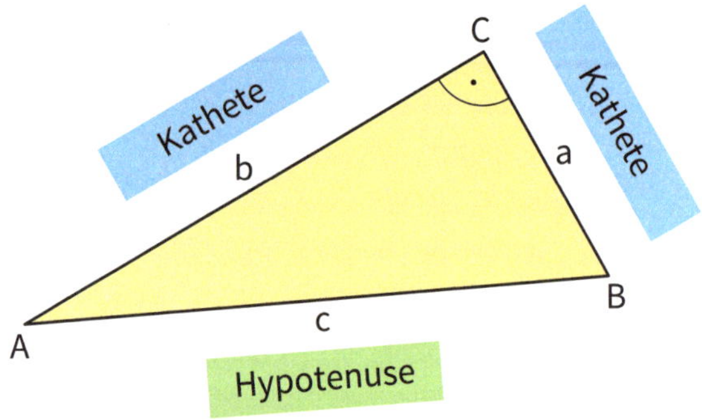

Wenn a, b die Katheten sind und c die Hypotenuse ist, gilt: $a^2 + b^2 =$ ______________

2. Schreibe für das Dreieck die Gleichung auf, die nach dem Satz des Pythagoras gilt.

a)

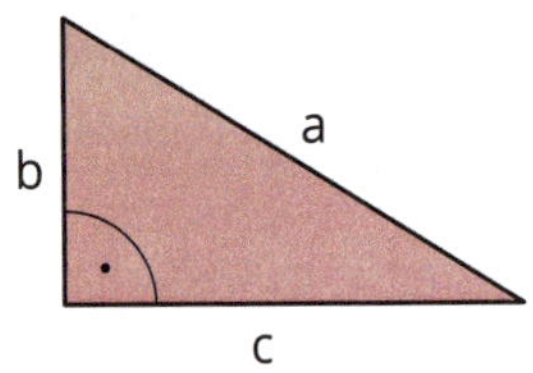

b)

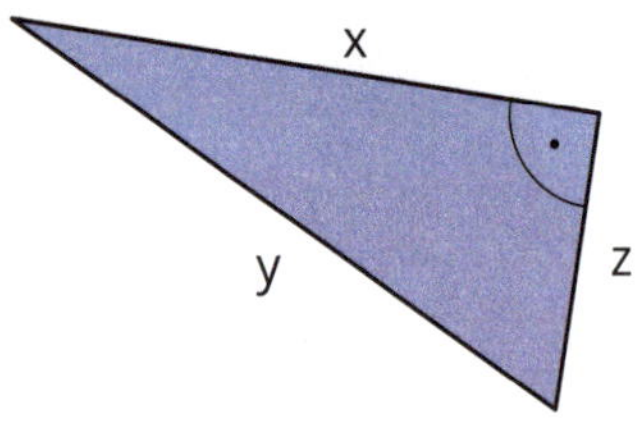

c)

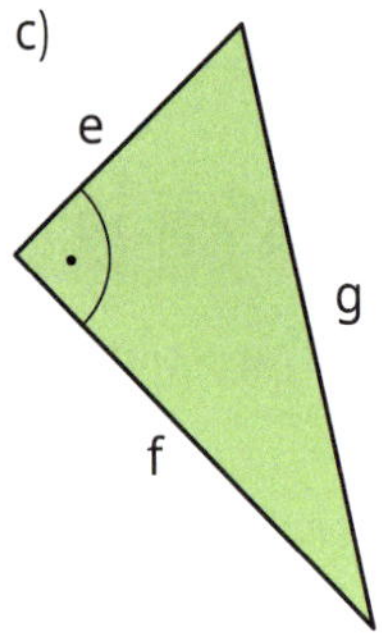

d)

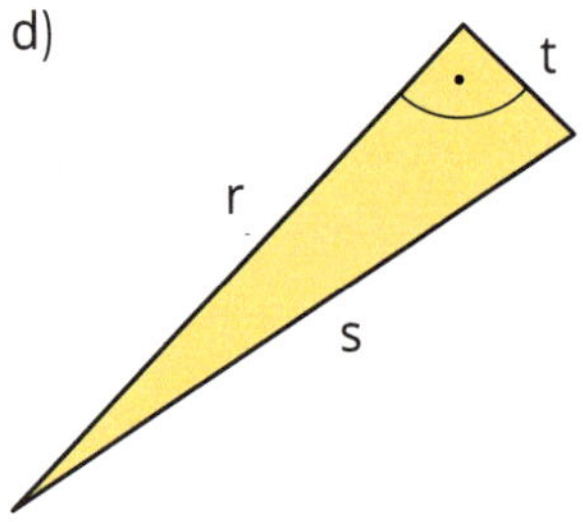

______________ ______________ ______________ ______________

3. Prüfe mit dem Geodreieck, bei welchen Dreiecken der Satz des Pythagoras gilt. Notiere ihn dann.

a)

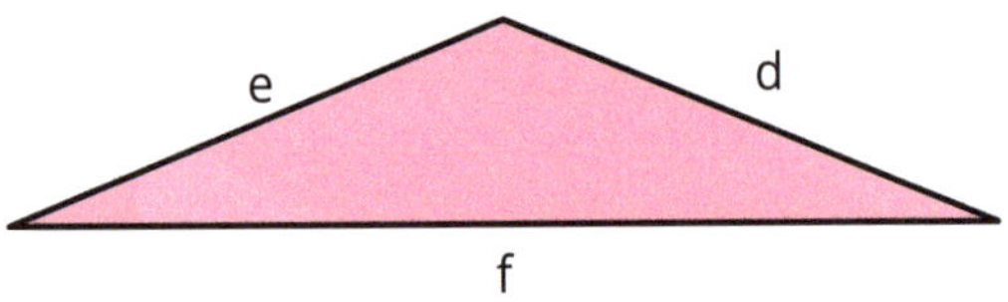

b)

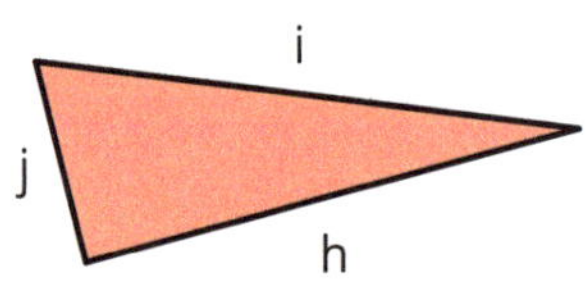

c)

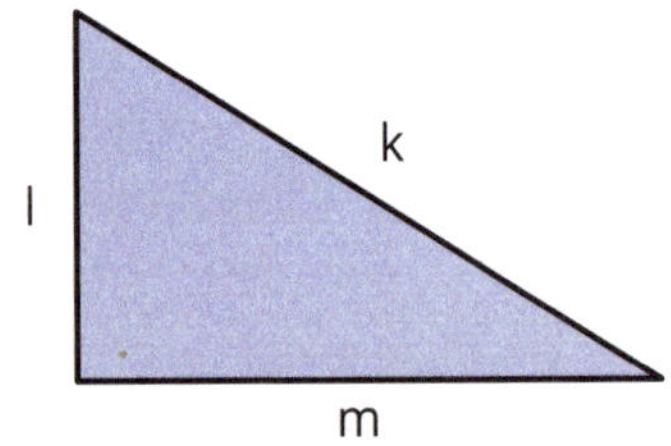

______________ ______________ ______________

4. Schreibe alle Möglichkeiten auf, im abgebildeten Dreieck den Satz des Pythagoras anzuwenden.

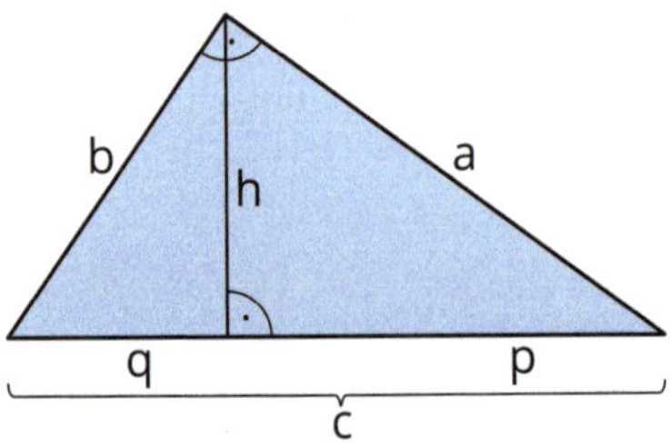

____

____

____

____

Berechnung der Hypotenuse

1. Berechne die Länge der Hypotenuse mit Hilfe des Satzes des Pythagoras.

a)

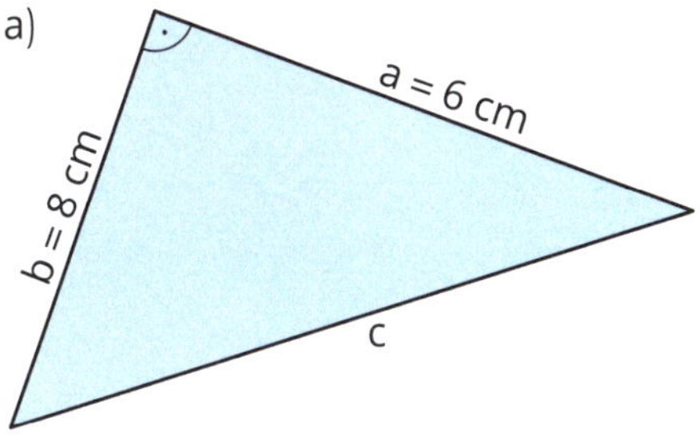

b)

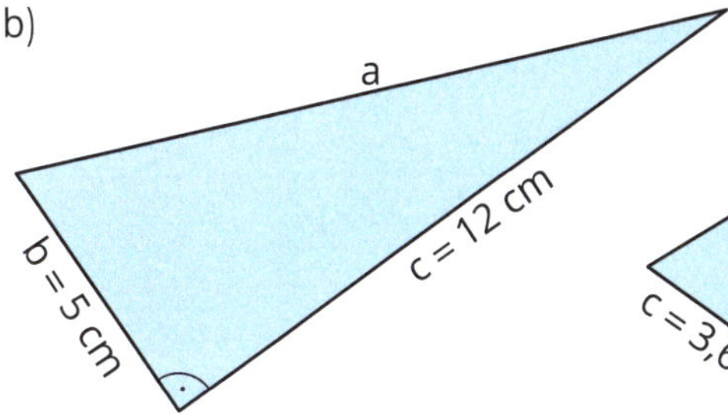

c)

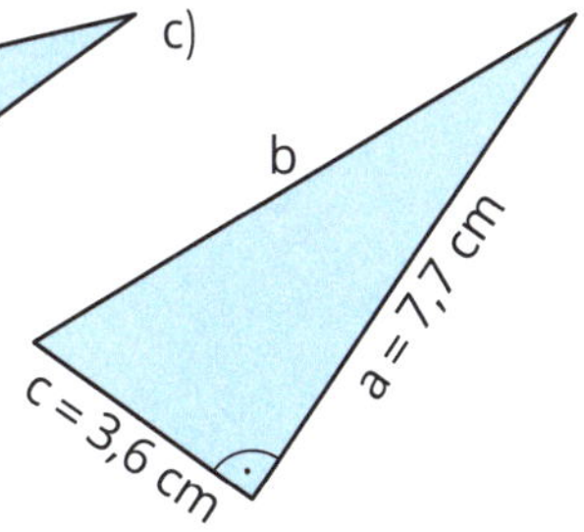

2. Berechne die Länge der Hypotenuse c. Runde auf eine Stelle nach dem Komma.

a) a = 9,5 cm; b = 13 cm b) a = 47 m; b = 35 m c) a = 8,9 cm; b = 11,2 cm

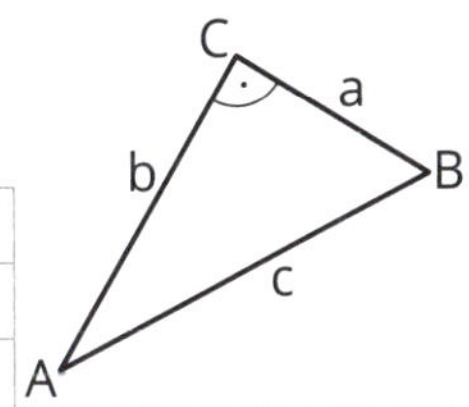

3. An einen Turm wird eine Leiter angelegt. Berechne die Länge der Leiter.

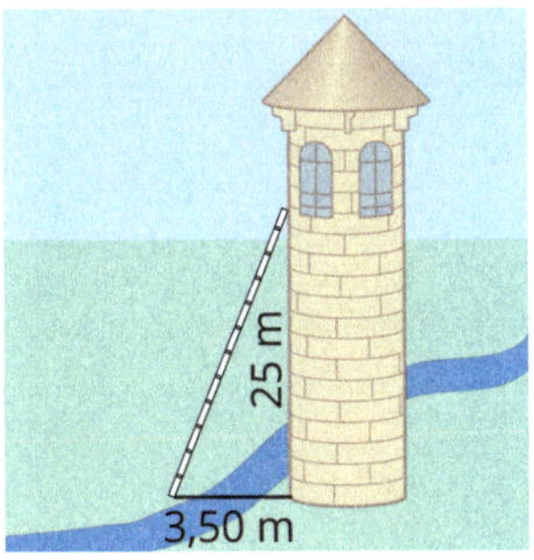

Antwort: ______________________________

4. Eleni möchte die Diagonale ihres Fernsehgerätes berechnen. Der Bildschirm des Gerätes ist 50 cm hoch und 90 cm breit. Fertige zuerst eine Planfigur an. Berechne dann die Länge der Diagonalen.

Antwort: ______________________________

Berechnung einer Kathete

1. Berechne die Länge der fehlenden Kathete.

a)

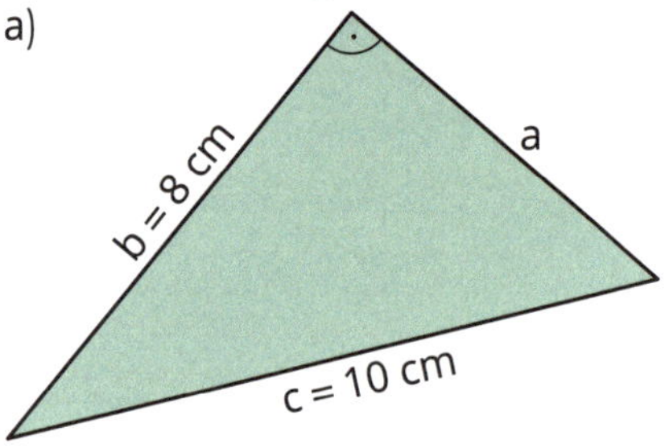

b)

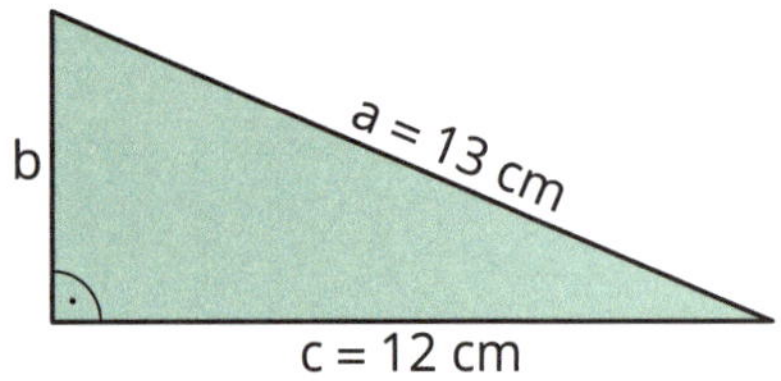

c)

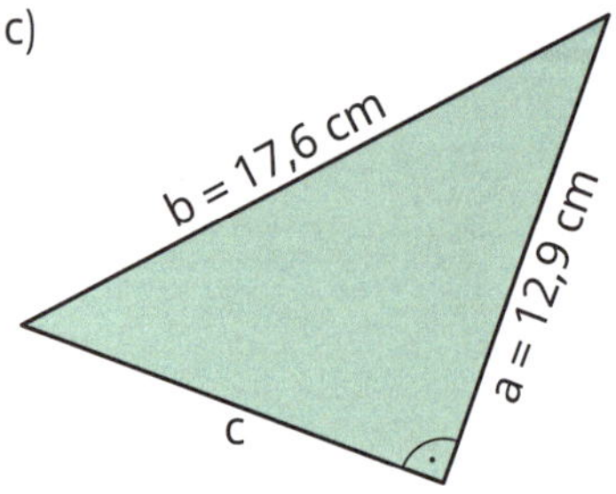

2. Berechne die Länge der fehlenden Kathete.

a) b = 12,5 cm; c = 15,8 cm b) a = 12,7 dm; c = 32,4 dm c) c = 5,6 cm; b = 4,5 cm

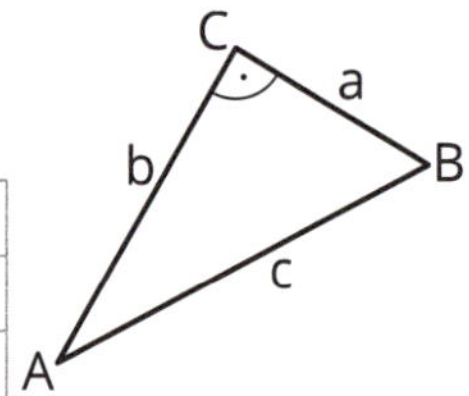

3. Ein Artist balanciert auf einem Drahtseil. Berechne die Höhe h des oberen Drahtseilendes.

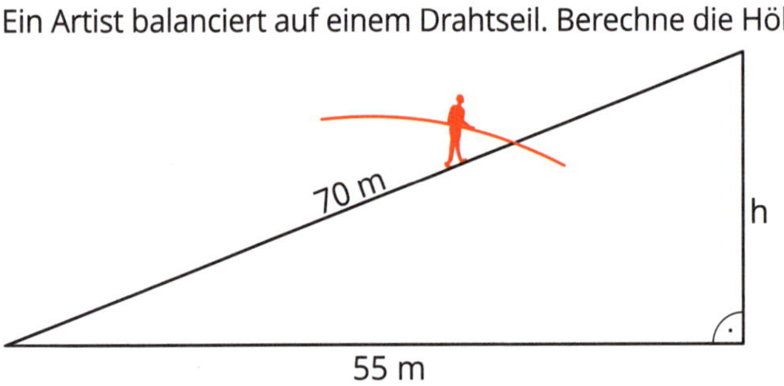

Antwort: ____________________

4. Berechne die Höhe h des Giebels. Fertige zuerst eine Planfigur an.

Antwort: ____________________

Satz des Pythagoras in ebenen Figuren und Körpern

1. Berechne die Länge der Seite x. Runde auf zwei Stellen nach dem Komma.

a)

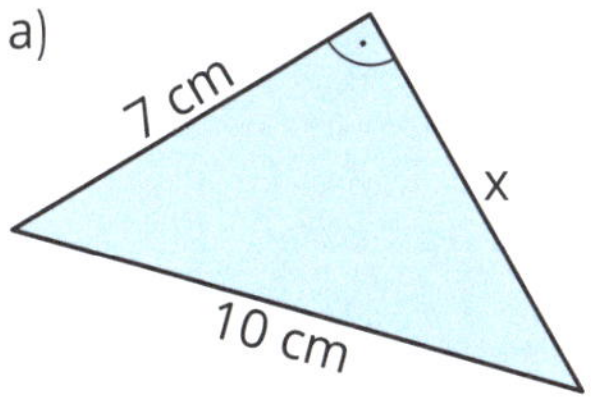

b)

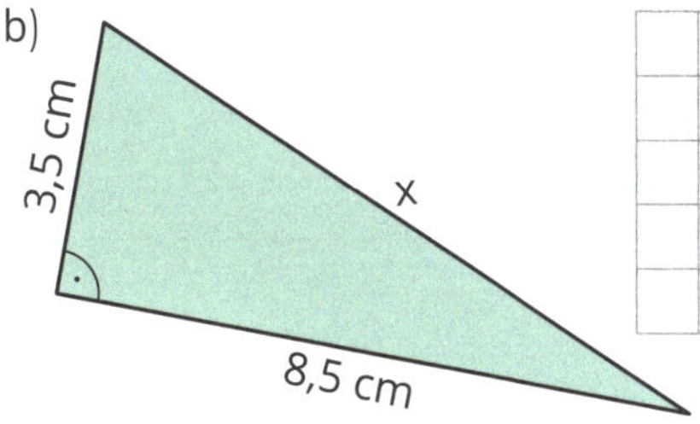

2. Berechne die fehlende Länge der Raute.

a)

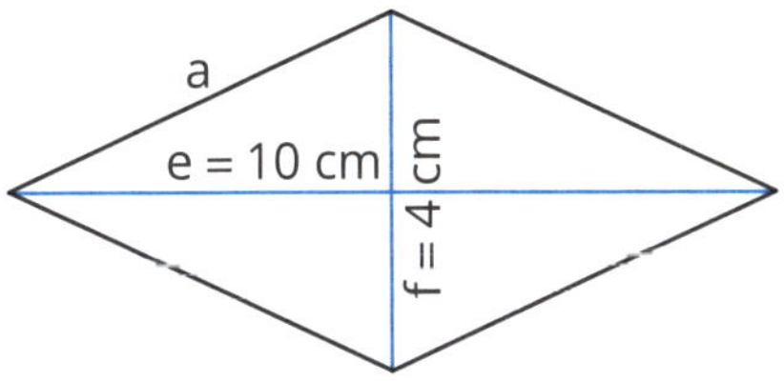

b)

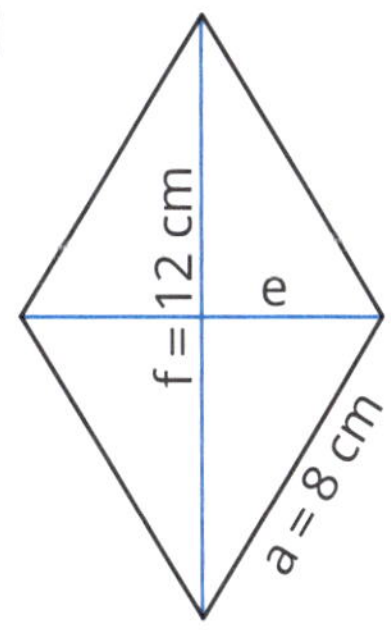

3. Berechne die Länge der Raumdiagonalen e des Würfels.

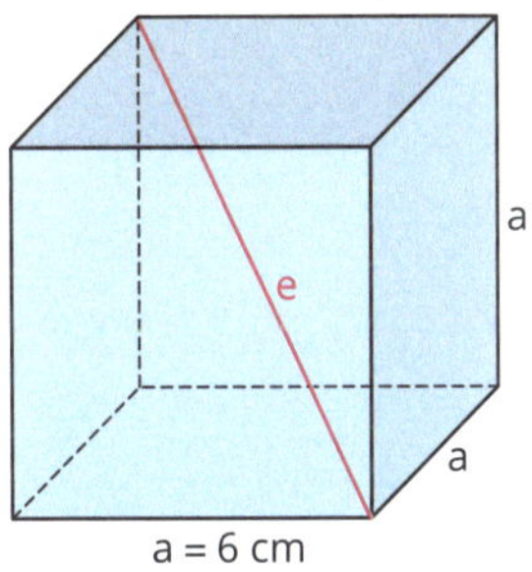

4. Wie lang muss der Strohhalm mindestens sein, damit er nicht in die Dose rutscht?
Zeichne zuerst eine Planfigur.

Antwort: *Der Strohhalm muss mindestens* ______ *cm lang sein.*

5. Die Bäckerei Müller stellt Kuchen in Form von Prismen her. Der Kuchen soll genau in die quaderförmige Verpackung passen. Bestimme die Maße der Verpackung.

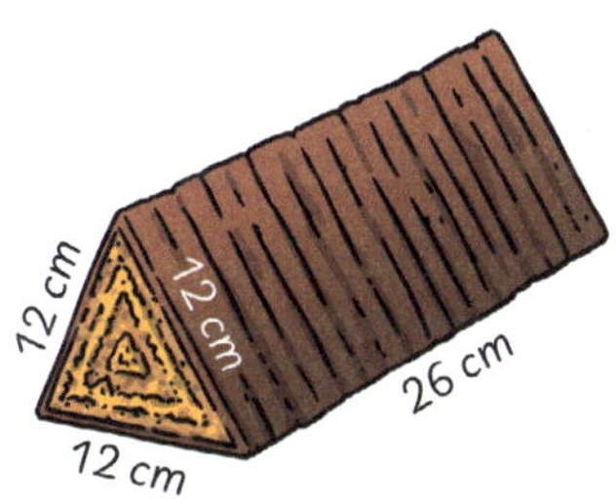

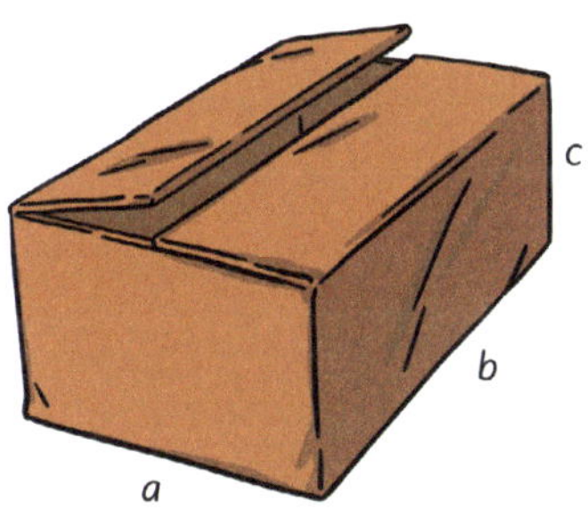

a = ______ *cm* b = ______ *cm* c = ______ *cm*

Satz des Pythagoras in Anwendungsaufgaben

1. Berechne die Länge x der Skaterrampe.

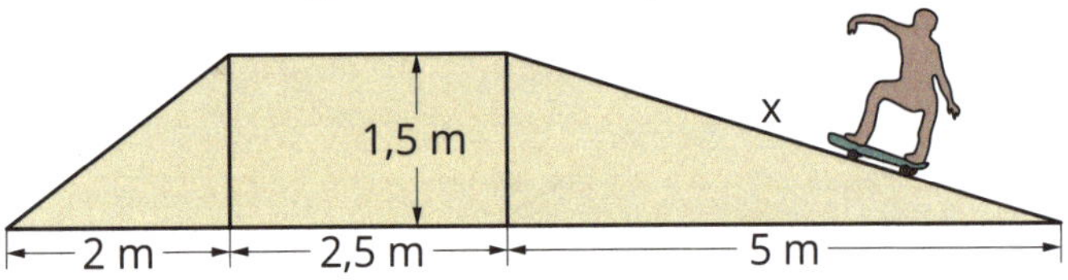

Antwort: ______________________________

____

2. Tino möchte ein 1,40 m langes Brett als Rampe auf die Treppe legen.
Überprüfe rechnerisch, ob das Brett ausreicht.

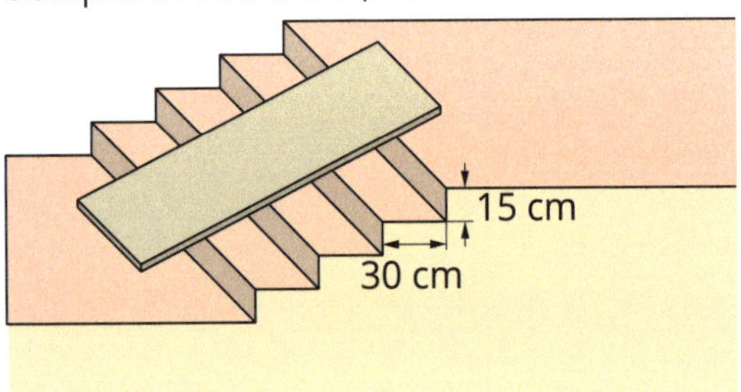

Antwort: ______________________________

____

3. Die Seitenkanten der Chephren-Pyramide haben eine Länge von 215 m.
Die Länge der Diagonale der quadratischen Grundfläche beträgt 320 m.
Erstelle zuerst eine beschriftete Planfigur. Berechne dann die Höhe der Chephren-Pyramide.

Antwort: *Die Chephren-Pyramide ist ______ m hoch.*

4. Malik hat sein neues Bücherregal zusammengebaut. Sein Zimmer hat eine Höhe von 2,42 m.
Kann er das Bücherregal aufstellen?

Antwort: ______________________________

____

Umkehrung des Satzes des Pythagoras

1. Überprüfe rechnerisch, ob die Dreiecke rechtwinklig sind. Kreuze die rechtwinkligen Dreiecke an.

①
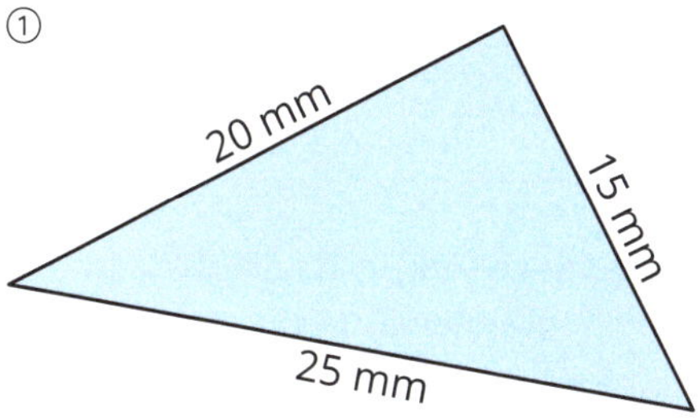

②
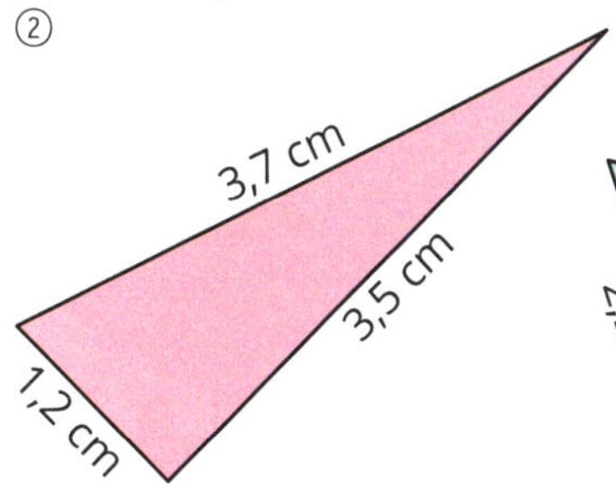

③
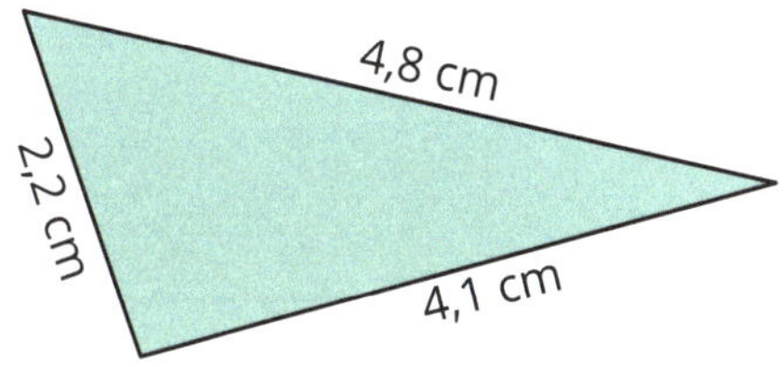

☐ ☐ ☐

2. a) Ordne den Dreiecken die Begriffe ***spitzwinklig*** und ***stumpfwinklig*** zu.
b) Miss die Seitenlängen, berechne die Quadrate und vergleiche die Summe aus a^2 und b^2 mit c^2.

①
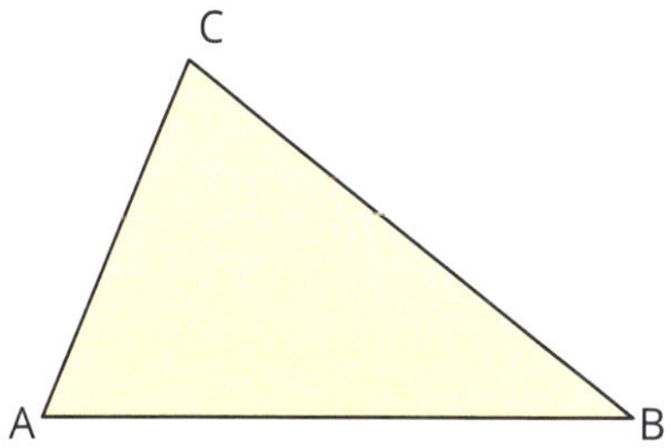

a = ______ a^2 = ______

b = ______ b^2 = ______

c = ______ c^2 = ______

$a^2 + b^2$ = ______ + ______ = ______

Das Dreieck ① ist ______.

Vergleiche. Setze das Zeichen > oder < ein.

$a^2 + b^2$ ▢ c^2

②
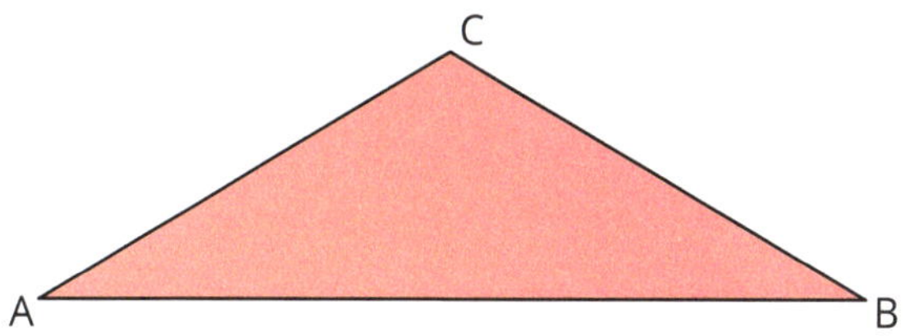

a = ______ a^2 = ______

b = ______ b^2 = ______

c = ______ c^2 = ______

$a^2 + b^2$ = ______ + ______ = ______

Das Dreieck ② ist ______.

Vergleiche. Setze das Zeichen > oder < ein.

$a^2 + b^2$ ▢ c^2

3. Entscheide, ob das Dreieck rechtwinkling, stumpfwinklig oder spitzwinklig ist.

a) a = 10 cm
b = 6 cm
c = 8 cm

b) a = 5 cm
b = 7 cm
c = 10 cm

c) a = 8 m
b = 12 m
c = 9 m

d) a = 17 m
b = 8 m
c = 11 m

Beweise, Beweise

1. An die Seiten eines rechtwinkligen Dreiecks sind gleichschenklig-rechtwinklige Dreiecke gezeichnet.

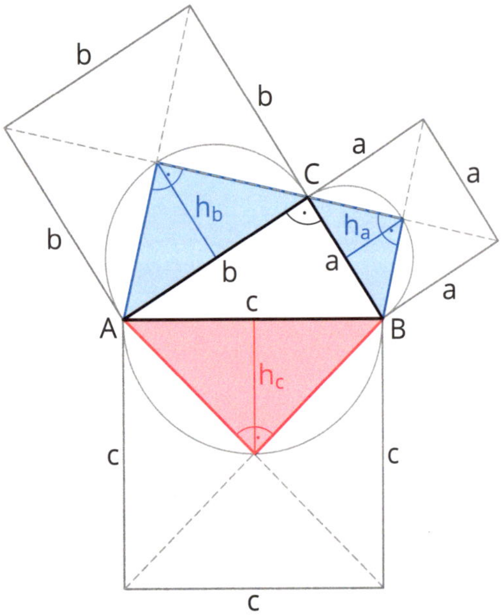

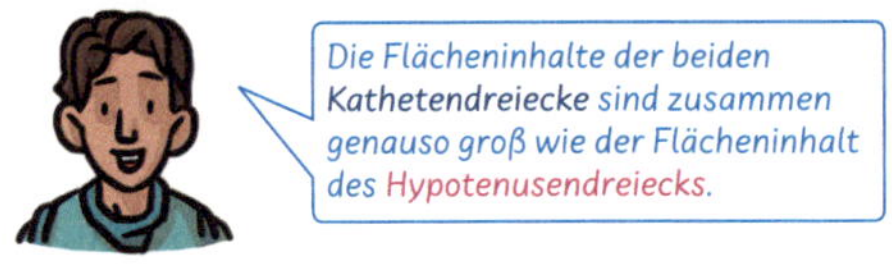

a) Überprüfe mithilfe einer Rechnung, dass die Behauptung von Omar stimmt. Miss die benötigten Strecken aus.

b) Begründe, dass Omars Aussage für beliebige rechtwinklige Dreiecke ABC gilt. Bringe dafür die Beweisschritte in die richtige Reihenfolge.

Da die Kathetendreiecke und das Hypotenusendreieck rechtwinklig sind, gilt der Satz des Thales.	1
Da wegen des Satzes des Pythagoras $a^2 + b^2 = c^2$ gilt, muss auch $\frac{1}{4}a^2 + \frac{1}{4}b^2 = \frac{1}{4}c^2$ gelten.	
Damit ist Omars Aussage bewiesen.	
Jedes Dreieck ist ein Viertel des zugehörigen Kathetenquadrats bzw. Hypotenusenquadrats. Die Flächeninhalte der Dreiecke betragen damit $\frac{1}{4}a^2$, $\frac{1}{4}b^2$ und $\frac{1}{4}c^2$.	
Daher gilt: $h_a = \frac{a}{2}$, $h_b = \frac{b}{2}$ und $h_c = \frac{c}{2}$.	
Deswegen sind die Dreieckshöhen genauso groß wie die Radien der Thaleskreise.	

c)

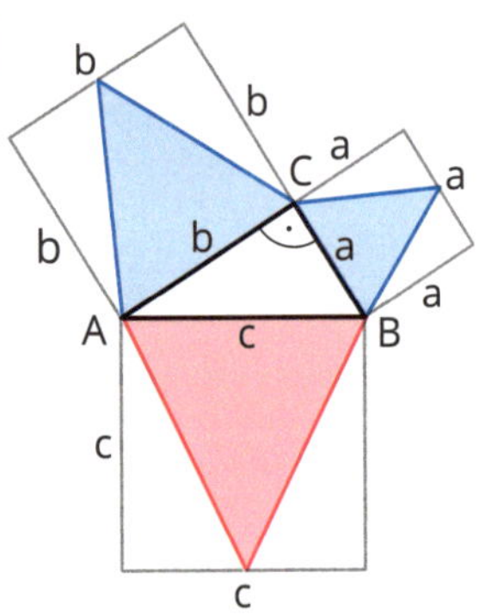

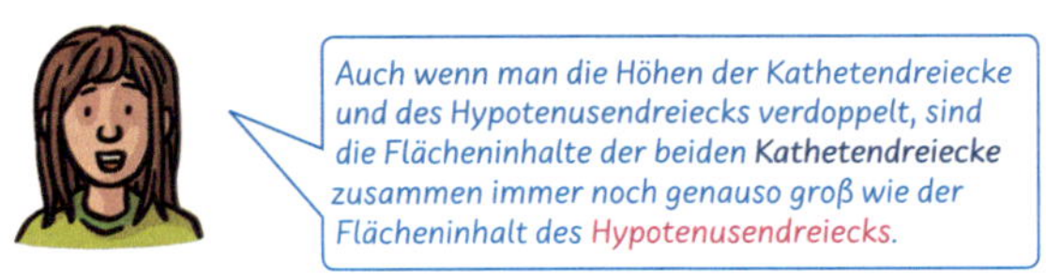

Begründe, dass die Behauptung von Ann-Christine stimmt.

Katheten- und Höhensatz

1. a) Ergänze die Gleichungen für Katheten- und Höhensatz.

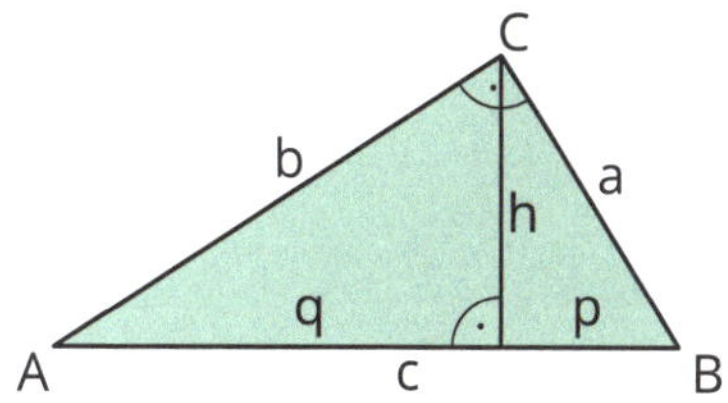

Kathetensatz: $a^2 =$ ____________

$b^2 =$ ____________

Höhensatz: $h^2 =$ ____________

b) Berechne die Länge der Höhe h.

p = 4,2 cm	$h^2 = p \cdot q$
q = 2,7 cm	$h^2 = 4{,}2\ cm \cdot$ ______ cm
h = ?	$h^2 =$ ______ cm^2 | $\sqrt{}$
	h ≈ ______ cm

c) Berechne die Länge der Seite a.

p = 2,3 mm	$a^2 =$ ______
c = 6,7 mm	$a^2 =$ ______
a = ?	$a^2 =$ ______
	a ≈ ______

2. a) Löse die Gleichung nach c auf.

$b^2 = c \cdot p$ | ______

c = ______

b) Löse die Gleichung nach p auf.

$h^2 = p \cdot q$ | ______

p = ______

3. Peter möchte die Breite des Flusses bestimmen. Er misst die Längen $\overline{AD}$ und $\overline{AC}$.
Berechne die Flussbreite $\overline{DB}$.

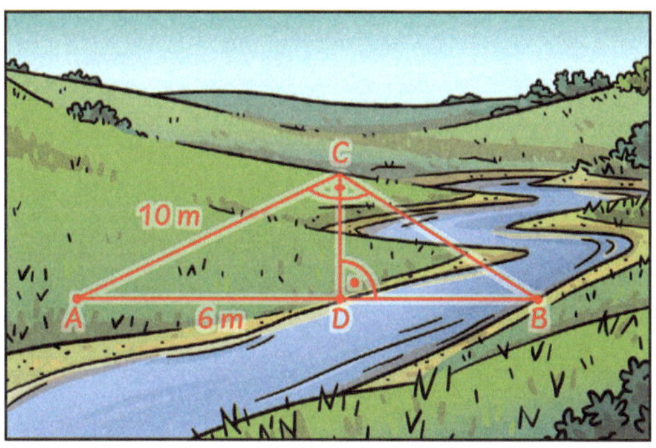

Antwort: ____________

____

4. Die Dachsparren eines Wohnhauses müssen erneuert werden. Sie sollen 30 cm überstehen.
Berechne die Gesamtlänge der Holzbalken, die der Zimmermann für das Wohnhaus bestellen muss.

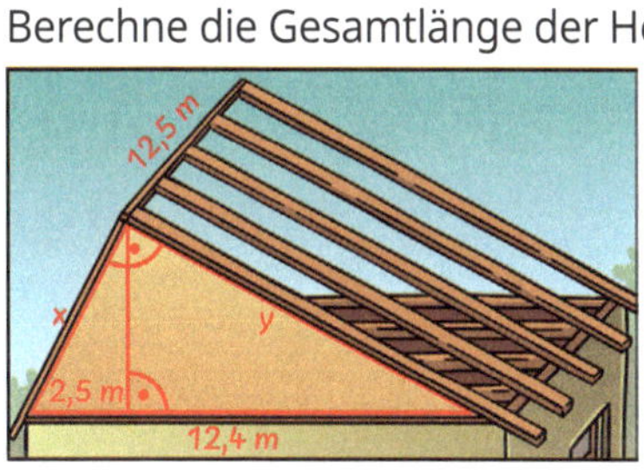

Antwort: ____________

____

____

____

1. Berechne die fehlende Seitenlänge des rechtwinkligen Dreiecks.

a)

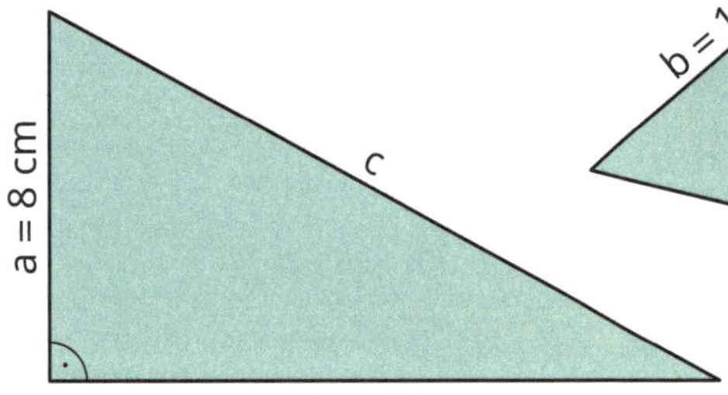

b)

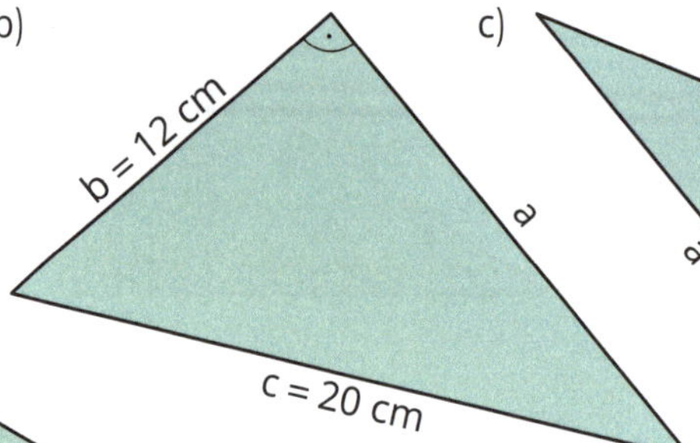

c)

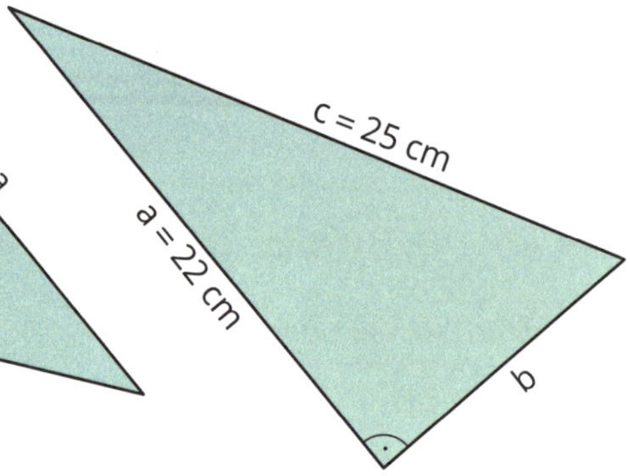

c = ______ a = ______ b ≈ ______

2. Kreuze die richtigen Aussagen an.

	wahr	falsch
Den Satz des Pythagoras darf man in allen Dreiecken anwenden.	☐	☐
Die Hypotenuse ist immer die längste Seite in einem rechtwinkligen Dreieck.	☐	☐
Die zwei Katheten sind zusammen immer so lang wie die Hypotenuse.	☐	☐
In einem rechtwinkligen Dreieck ist der größte Winkel der rechte Winkel.	☐	☐
Der Satz des Pythagoras gilt in allen rechtwinkligen Dreiecken.	☐	☐

3. Der Baum ist beim Sturm abgeknickt. Erstelle eine Planfigur und berechne die Gesamthöhe des Baums vor dem Sturm.

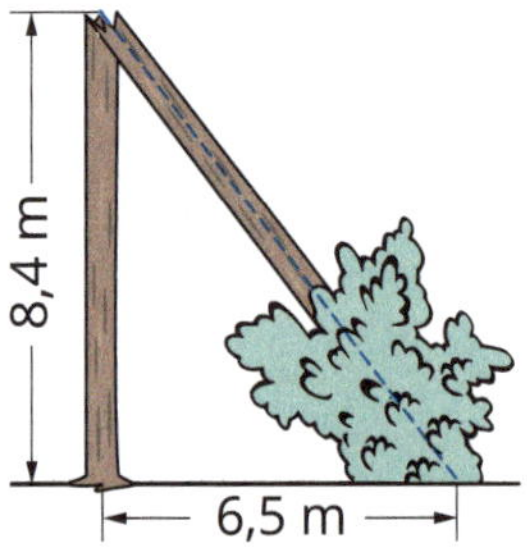

Antwort: ______

4. Bekommt Basti das Brett durch die Tür?

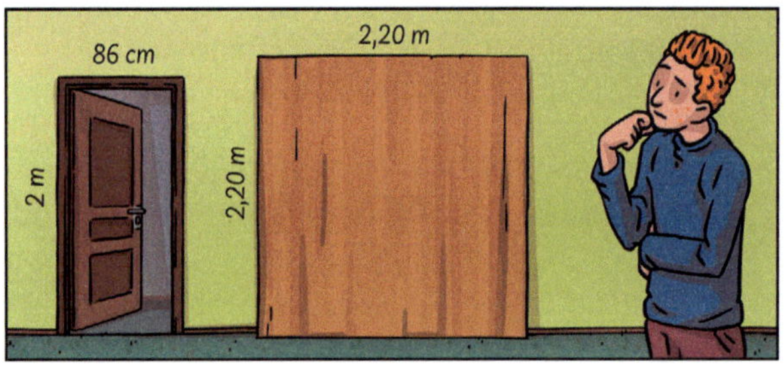

Antwort: ______

5. Berechne die fehlenden Längen.

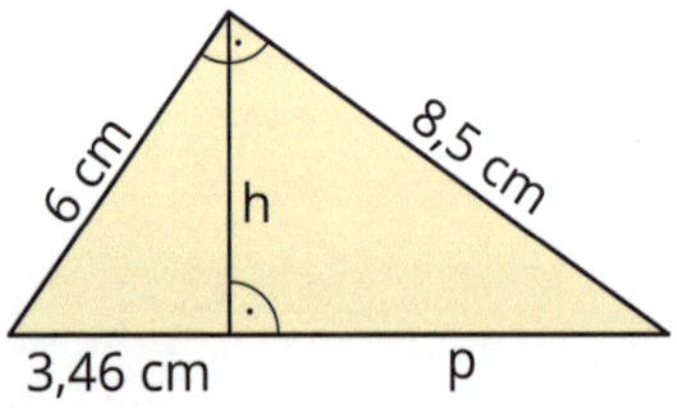

h ≈ ______ cm

p ≈ ______ cm

Prozent- und Zinsrechnung

6

1. Je drei Angaben gehören zusammen. Ordne sie einander zu. Rechne im Kopf.

~~10 %~~	$33,\overline{3}$ %	75 %	60 %
5 %	20 %	19 %	50 %
25 %	$66,\overline{6}$ %	45 %	16 %

0,25	~~0,1~~	0,45	0,5
$0,\overline{3}$	0,6	0,05	0,2
0,16	0,75	0,19	$0,\overline{6}$

$\frac{1}{2}$	~~$\frac{1}{10}$~~	$\frac{9}{20}$	$\frac{3}{4}$
$\frac{1}{3}$	$\frac{3}{5}$	$\frac{2}{3}$	$\frac{4}{25}$
$\frac{1}{20}$	$\frac{1}{5}$	$\frac{19}{100}$	$\frac{1}{4}$

$10\,\% = 0{,}1 = \frac{1}{10}$

2. Grundwert, Prozentwert oder Prozentsatz? Unterstreiche die Angaben im Text und kreuze darunter an, welche der Größen gegeben sind. Berechne dann die fehlende Größe.

a) Zur Schuldisco der Geschwister-Scholl-Schule kamen 173 Besucher. Die Schule hat 865 Schüler.

☐ G ☐ W ☐ p %

b) Der Schulhof der Schule besteht zu 27 % aus Rasenfläche. Das sind 675 m^2 Rasen.

☐ G ☐ W ☐ p %

c) Zum Schuljubiläum kamen 1 450 Besucher. 28 % von ihnen kauften ein Los bei der Tombola.

☐ G ☐ W ☐ p %

3. Nachricht vom Weltnudeltag am 25. Oktober:
„In Deutschland wurden im vergangenen Jahr insgesamt 524 000 Tonnen Teigwaren importiert.“ Aus Italien kamen davon rund 366 000 Tonnen. Auf Platz zwei der liefernden Länder liegt Belgien, das jedoch nur $\frac{1}{14}$ der Menge der Italiener liefert.
Wie viel Prozent der importierten Teigwaren kommt aus Italien bzw. aus Belgien?

Antwort: ____________________

Prozentuale Erhöhung und Verminderung

1. Vervollständige die Tabelle.

Erhöhung + Verringerung –	+ 20 %	+ 35 %	+ 100 %	– 16 %	– 40 %				
Prozentfaktor	1,20					1,19	1,5	0,3	0,88

2. Verwende den richtigen Prozentfaktor und berechne den neuen Wert mit dem Taschenrechner.

a) Der Preis eines Motorrollers für 1 500,– € wurde um 20 % gesenkt.
b) Bisher besuchten 480 Schüler die Schule. Im neuen Jahr sind es 5 % mehr.
c) Der Energieverbrauch von bisher 3 500 kWh wurde um 8 % gesenkt.
d) Ein Handypreis von 198,– € verringert sich um 35 %.
e) Die Schülerfahrkarte kostete bisher 31,– €. Im neuen Jahr ist sie um 3 % teurer.
f) Ein Sportler kann sich bei der Anzahl seiner Liegestützen um 15 % steigern. Bislang schaffte er 40 Liegestützen.

0,92 ~~0,8~~ 1,2 1,35 0,95 1,15 1,8 1,03 1,05 0,65 1,5 0,35

Grundwert	Prozentfaktor	neuer Wert	Grundwert	Prozentfaktor	neuer Wert
a) 1 500,– €	0,8	1 200,– €	d)		
b)			e)		
c)			f)		

3.

Ein Sportgeschäft hat beim Ausverkauf die Preise gesenkt. Berechne mit Hilfe der Prozentfaktoren die reduzierten Preise des Sportgeschäftes.

4. Bestimme für die Aussage den passenden Prozentfaktor.

a) um ein Viertel verringert: $1 - \frac{1}{4} = \frac{3}{4} = 0{,}75$
b) um $\frac{1}{10}$ angestiegen: ____
c) um 100 % vermehrt: ____
d) um $\frac{2}{5}$ vermindert: ____
e) um ein Fünftel erhöht: ____
f) um die Hälfte günstiger: ____
g) um ein Drittel gesenkt: ____
h) um das Vierfache vergrößert: ____

Rabatt und Skonto

1. Erkläre mit eigenen Worten die Begriffe Rabatt und Skonto.

Rabatt:

Skonto:

2. Die Pestalozzischule möchte für den Informatikunterricht 32 neue Tablets anschaffen. Sie erhält für ihr Wunschmodell folgende Angebote. Für welchen Anbieter soll sie sich entscheiden?

Anbieter Clever:
Bei Abnahme von 30 Stück à 179,00 € (ohne MwSt.) geben wir 15 % Schulrabatt und 2 % Skonto (Zahlung innerhalb von zwei Wochen). Außerdem gibt es pro 30 Exemplare ein Freigerät.

Anbieter Smart:
Ab einer Bestellmenge von 30 Stück gibt es unseren Schulspezialpreis von 149,90 € pro Stück (ohne MwSt.). Bei Zahlung innerhalb von 14 Tagen gewähren wir 3 % Skonto.

3. Saisonfinale beim Outdoorhändler „Inuit“. Die Waren des letzten Jahres müssen raus. Der Händler bietet 25 % Rabatt auf alle Waren an.

599,– €

179,– €

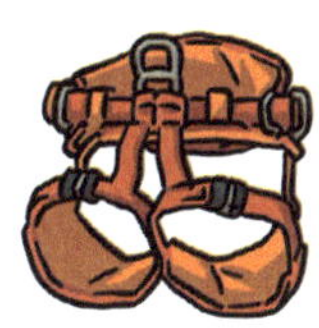

119,90 €

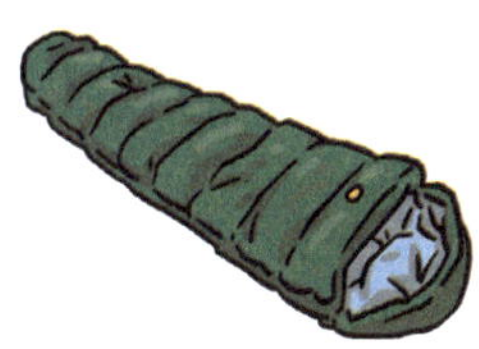

349,– €

159,90 €

Der Händler bietet außerdem an, dass man beim Kauf von drei Gegenständen den dritten und günstigsten umsonst bekommt. Paul kauft das Zelt, den Schlafsack und den Rucksack, Paula den Klettergurt, das Seil und den Rucksack. Wie viel Euro müssen Paul und Paula jeweils bezahlen und wer bekommt prozentual gesehen den höchsten Rabatt?

Brutto- und Nettolohn

1. a) Berechne, wie viel Euro Gülcan, Robert und Lara im 1. Ausbildungsjahr netto verdienen.

	Brutto-Ausbildungsvergütung		
	Erzieher*in	Krankenpfleger*in	Lokführer*in
1. Ausbildungsjahr	1 100 €	900 €	800 €
2. Ausbildungsjahr	1 200 €	1 100 €	1 000 €
3. Ausbildungsjahr	1 300 €	1 300 €	1 100 €

Lohnsteuer 2020 in Steuerklasse 1	
Bruttolohn	Lohnsteuer
800 €	0,00 €
900 €	0,00 €
1 000 €	0,00 €
1 100 €	2,66 €
1 200 €	14,91 €
1 300 €	28,66 €

Sozialabgaben sind Beiträge für die Renten-, Kranken-, Pflege-, Arbeitslosen- und Unfallversicherung. Das sind zurzeit (2020) **ungefähr 20 % der Ausbildungsvergütung**. Dir wird auf dein Bankkonto von deinem Ausbildungsbetrieb der sogenannte Netto-Betrag überwiesen: Brutto-Ausbildungsvergütung minus die etwa 20 % Sozialabgaben minus der Lohnsteuer.

b) Wie hoch sind die Sozialabgaben im ersten Ausbildungsjahr bei Lara?

c) Bestimme den Unterschied zwischen den Netto-Ausbildungsvergütungen im zweiten und dritten Ausbildungsjahr für Robert.

2. Laras Mutter arbeitet seit mehr als 15 Jahren als Krankenpflegerin. Ihr Nettolohn beträgt nach 38 % Abzügen (Steuern und Sozialabgaben) 1 896,50 €. Berechne ihren Bruttolohn.

Zinsen

1. Drei Angaben aus den Feldern Kapital, Zinssatz und Zinsen gehören zueinander. Rechne im Kopf.

Kapital	Zinssatz	Zinsen
700 €	1 %	7 €

Kapital
5 000 €, ~~700 €~~, 4 000 €, 1 000 €, 80 000 €, 10 000 €

Zinssatz
4 %, 5 %, 2,5 %, 10 %, 19 %, ~~1 %~~

Zinsen
~~7 €~~, 40 €, 200 €, 1 900 €, 2 000 €, 500 €

2. Kapital, Zinsen oder Zinssatz? Unterstreiche die Angaben im Text und kreuze darunter an, welche der Größen gegeben sind. Berechne dann die fehlende Größe.

a) Manuel hat in den Ferien gearbeitet und legt bei seiner Bank 500 € für ein Jahr zu 2,25 % an.

☐ K ☐ Z ☐ p %

b) Für einen Kredit zahlt Familie Rägle 2 750 € Zinsen pro Jahr. Der Zinssatz beträgt 5,5 %.

☐ K ☐ Z ☐ p %

c) Bei einem Überziehungskredit der „Hai-Bank" werden für 1 500 € überzogenes Kapital pro Jahr 236,25 € Zinsen fällig.

☐ K ☐ Z ☐ p %

3. Rechne zuerst den Überschlag im Kopf und nutze dann den Taschenrechner. Vergleiche die Ergebnisse.

	a) **Überschlag**	**Rechnung**	b) **Überschlag**	**Rechnung**	c) **Überschlag**	**Rechnung**
Kapital	700,00 €	685,50 €				
Zinssatz	2 %	2,1 %	1 %	0,9 %		
Jahreszinsen			40,00 €	40,50 €	50,00 €	44,32 €
Kapital nach 1 Jahr					1 050,00 €	1 029,32 €

Monats- und Tageszinsen

1. Bestimme zuerst die Jahreszinsen und berechne dann die Zinsen für den jeweiligen Zeitraum. Schaffst du es im Kopf?

	Jahreszinsen	**Zinsen im Zeitraum**
a) Kapital: 2000 €; Zinssatz: 2 %; Zeitraum: ein halbes Jahr		
b) Kapital: 3000 €; Zinssatz 4 %; Zeitraum: ein Vierteljahr		
c) Kapital: 1 000 €; Zinssatz: 2,4 %; Zeitraum: 6 Monate		
d) Kapital: 500 €; Zinssatz: 8 %; Zeitraum: 9 Monate		
e) Kapital: 10000 €; Zinssatz: 3 %; Zeitraum: 8 Monate		

2. Berechne und ergänze die fehlenden Werte. Runde auf zwei Stellen nach dem Komma. Für Umkehrrechnungen stellst du die Formel um.

	a)	b)	c)	d)
Kapital	5400,– €	2199,– €		1500,– €
Zinssatz	4 %	3,5 %	3 %	2 %
Monate (m)	8	5	4	
Zinsen			80,– €	12,50 €

$Z = K \cdot \frac{p}{100} \cdot \frac{m}{12} \quad | \cdot (12 \cdot 100)$

$1200 \cdot Z = K \cdot p \cdot m \quad | : (p \cdot m)$

…

3. Berechne und ergänze die fehlenden Werte. Runde auf zwei Stellen nach dem Komma. Für Umkehrrechnungen stellst du die Formel um.

	a)	b)	c)	d)
Kapital	120000,– €	4321,43 €		1200,– €
Zinssatz	5 %	2,25 %	3 %	
Tage (t)	170	35	100	250
Zinsen			50,– €	37,50 €

$Z = K \cdot \frac{p}{100} \cdot \frac{t}{360} \quad | \cdot (360 \cdot 10)$

$3600 \cdot Z = K \cdot p \cdot t \quad | : (p \cdot t)$

…

Prozent- und Zinsrechnung im Alltag

1. Gib zum Sachtext zuerst den Prozentfaktor an, berechne dann den gesuchten Wert in einem Schritt.

a) Von den 70 kg Kartoffeln, die Herr Ödemir im Großmarkt kaufte, konnte er 15 % nicht auf dem Wochenmarkt verkaufen.

Prozentfaktor: ______ Herr Ödemir verkaufte ______ kg Kartoffeln.

b) Der Verbrauch an Heizöl in einem Haus stieg im letzten Jahr von 2570 Liter um 14 %.

Prozentfaktor: ______ Der Heizölverbrauch stieg auf ______ Liter.

c) In Neustadt stieg die Einwohnerzahl zwischen 1990 und 2010 von 750000 um ein Viertel.

Prozentfaktor: ______ Einwohnerzahl in 2010: ______

2. Bestimme den ursprünglichen Preis des Skateboards.

3. Der Preis einer 200,– € teuren Winterjacke wird im Frühling um 10 % herabgesetzt. Im Herbst wird der neue Preis um 10 % erhöht. Wie teuer ist die Jacke nun?

4. Familie Vollmer benötigt kurzfristig einen Kredit von 80000 €. Die Bearbeitungsgebühr beträgt 350 € und der Zinssatz 6 %. Familie Vollmer zahlt insgesamt 83550 € zurück. Für wie viel Tage hat sie den Kredit in Anspruch genommen?

5. Marie probiert für ihre Sommerparty das abgebildete Cocktailrezept aus. Sie nimmt dazu Mandarinensirup mit 15 % Fruchtanteil, Kirschnektar mit 45 % Fruchtanteil und Birnennektar mit 50 % Fruchtanteil.
Welchen Fruchtanteil hat der gemixte Cocktail?

1. Rechne die Prozentaufgaben im Kopf.

a) 10 % von 80 km sind ______ b) 2 % von 400 ℓ sind ______ c) 1 % von 50 € sind ______

d) 25 % von 30 kg sind ______ e) 75 % von 120 € sind ______ f) 12,5 % von 160 m sind ______

g) 2,5 t sind 10 % von ______ h) 67,50 € sind 50 % von ______ i) 5 km sind 20 % von ______

2. Ein Existenzgründerportal bietet auf seiner Website folgendes Schema zur Preiskalkulation an.

Kalkulieren Sie, zu welchem Preis Sie Ihre Waren weiter verkaufen müssen.				
		Beispiel	a)	b)
Listenpreis des Herstellers (für ein Produkt)		78,75 €	435,00 €	
–	Rabatt (20 %) beim Einkauf	15,75 €		
=	Zieleinkaufspreis	63,00 €		
–	Skonto (2 % beim Einkauf)	1,26 €		
=	Einkaufspreis des Händlers	61,74 €		
+	Handlungskosten (35 %, z. B. für Einkaufen, Verpacken, Verwaltung etc.)	23,77 €		
=	Selbstkosten	91,68 €		
+	Gewinn-/Kalkulationsaufschlag (10 %)	9,17 €		
=	Verkaufspreis netto	100,85 €		
+	Umsatzsteuer 19 %	19,16 €		
=	Verkaufspreis brutto	120,01 €		18,00 €

a) Kalkuliere mit Hilfe des abgebildeten Schemas den Verkaufspreis für ein Produkt mit dem Listenpreis des Herstellers von 435,00 €.

b) Nach dem Schema wurde ein Verkaufspreis von 18,00 € ermittelt. Wie hoch war der Listenpreis ungefähr?

3. Familie Baumann benötigt vier neue Winterreifen. Sie interessiert sich für das abgebildete Angebot. Wenn die Reifen sofort bestellt werden, werden sie rechtzeitig vor Abreise in den Skiurlaub geliefert und montiert. Bei sofortiger Zahlung muss Familie Baumann ihr Konto drei Monate lang zu einem Zinssatz von 8,3 % überziehen. Allerdings bietet der Reifenhändler auch eine sogenannte Zahlungspause an.

> *Die Zahlart **Zahlpause 90 Tage** wird nur für Kunden mit Wohnsitz in der Bundesrepublik Deutschland angeboten! Sie bezahlen den Kaufpreis erst 90 Tage nach der Lieferung. Wir berechnen einen Zinsaufschlag von lediglich 1,0 % und eine einmalige Bearbeitungsgebühr von 2,50 EUR auf den Barzahlungspreis.*

Wie sollte sich Familie Baumann entscheiden?

Kreis und Zylinder

7

1. Ordne die vorgegebenen Kreis-Begriffe richtig zu.

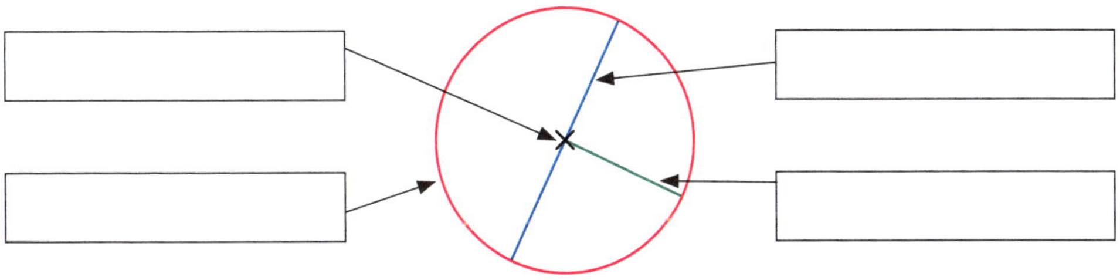

Radius
Durchmesser
Mittelpunkt
Umfang

2. Ordne die Formeln zu und berechne den Durchmesser, den Umfang und den Flächeninhalt des Kreises.

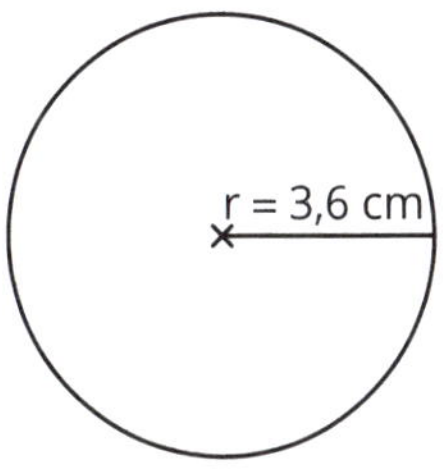

$2 \cdot \pi \cdot r$ $2 \cdot r$ $\pi \cdot r^2$

d = ____ u = ____ A = ____

d = ____ u = ____ A = ____

d = ____ u ≈ ____ A ≈ ____

3. Ein Kreis hat den Radius r = 2 cm. Ein anderer Kreis hat einen dreimal so großen Radius.

a) Berechne von beiden Kreisen Umfang und Flächeninhalt und runde die Ergebnisse auf zwei Stellen nach dem Komma.

Kleiner Kreis: u ≈ ____ Großer Kreis: u ≈ ____

A ≈ ____ A ≈ ____

b) Ergänze zu einer richtigen Aussage.

Der Umfang vom größeren Kreis ist ____ so groß wie der vom kleineren Kreis.

Der Flächeninhalt vom größeren Kreis ist ____ so groß wie der vom kleineren Kreis.

4. Berechne für π ≈ 3,14 den Umfang des Kreises im Kopf.

a) d = 1 cm b) d = 100 m c) r = 5 cm

u ≈ ____ u ≈ ____ u ≈ ____

Umfang des Kreises

1. Zeichne den Radius ein und miss seine Länge. Berechne dann den Umfang des Kreises.

a)

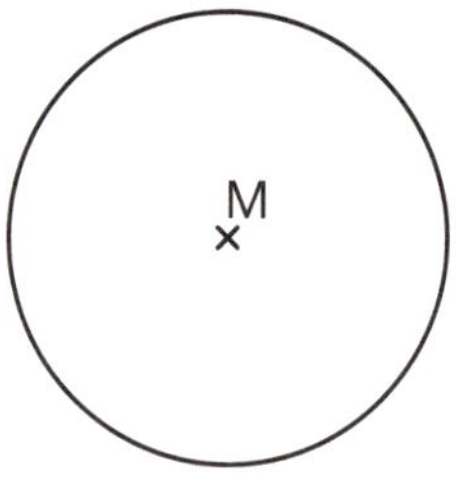

r = ____________

$u = 2 \cdot \pi \cdot r$

u = ____________

u ≈ ____________

b)

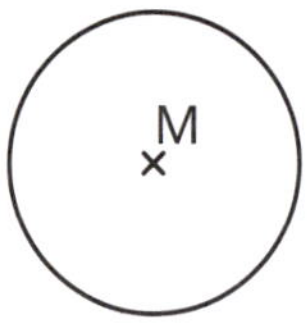

r = ____________

u = ____________

u = ____________

u ≈ ____________

c)

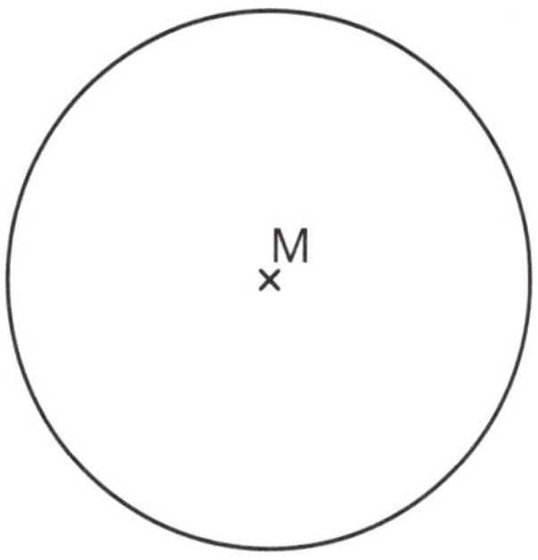

r = ____________

u = ____________

u = ____________

u ≈ ____________

2. Ordne den kreisrunden Gegenständen den richtigen Durchmesser zu und berechne dann den Umfang.

d = 26 mm | d = 60 cm | d = 9,15 m | d = 12 cm

d = ____________

d = ____________

d = ____________

d = ____________

3. Ein Fahrradreifen hat einen Umfang von 2,23 m. Schätze den Durchmesser und berechne dann.

Flächeninhalt des Kreises

1. Berechne den Flächeninhalt A des Kreises.

a)

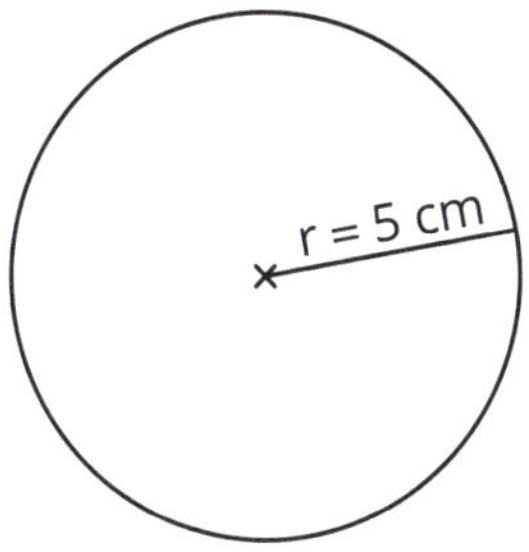

b)

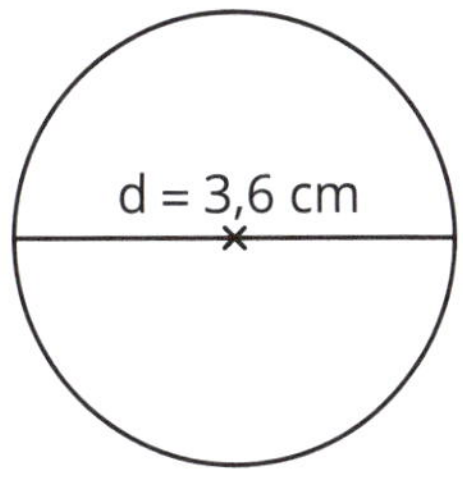

2. Der Flächeninhalt eines Kreises ist gegeben. Gesucht wird der Radius des Kreises.

a) $A = 73{,}9\ cm^2$ b) $A = 28{,}4\ cm^2$ c) $A = 6{,}52\ m^2$

a) $A = \pi r^2$

$73{,}9 = \pi r^2 \quad | : \pi$

$\_\_\_\_\_\_ = r^2 \quad | \sqrt{}$

$r \approx \_\_\_\_\_\_$

3. a) Berechne den Flächeninhalt und den Umfang aller Kreise in jedem Quadrat. Was fällt dir auf?

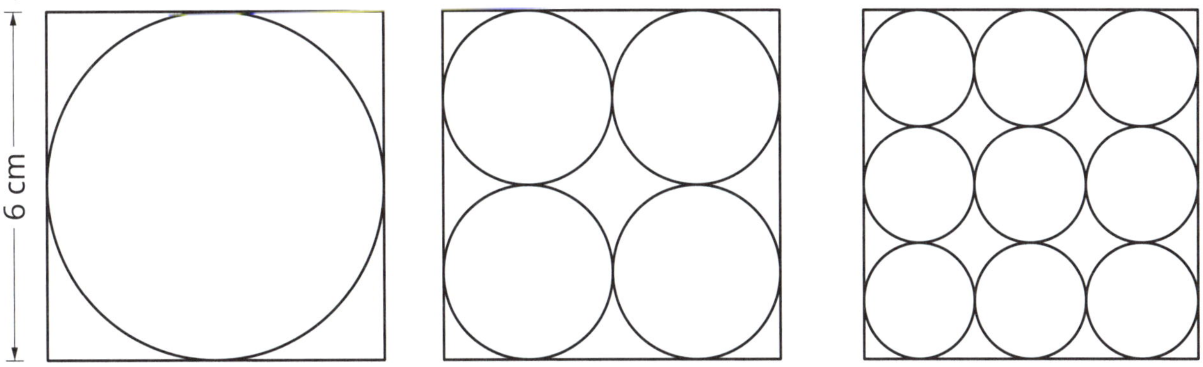

b) Begründe, dass deine Beobachtung auch bei 16, 25, 36, ... Kreisen gilt.

Kreisring

1. Berechne den Flächeninhalt des Kreisringes mit dem äußeren Radius r_1 und dem inneren Radius r_2.

a)

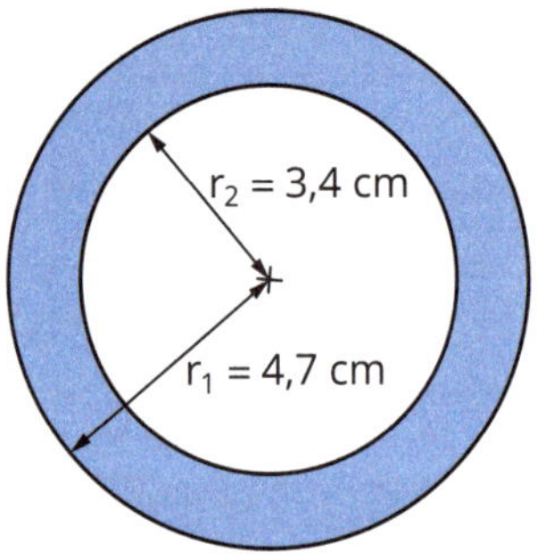

b)

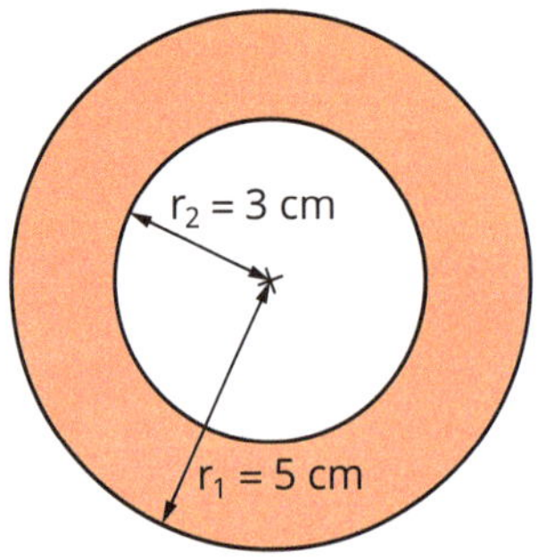

2. Ein heißer Sommer hat dem Grünstreifen um den kreisförmigen Schlossgartenteich geschadet. Im Frühjahr muss er neu angelegt werden.
Der Streifen ist 6,20 m breit. Der Teich hat einen Durchmesser von 60 m.

a) Die Gärtner benötigen 40 g Rasensamen pro m². Wie viel kg Rasensamen werden benötigt?

b) Wie viele Kürbisse müssen die Gärtner besorgen, wenn innen etwa alle 50 cm ein Kürbis liegt?

3. Berechne die fehlenden Angaben für den Kreisring.

	r_1	r_2	A
a)	2,7 cm	1,3 cm	
b)		2,9 m	16,59 m²
c)	7,9 mm		62,8 mm²

Kreisausschnitt

1. Berechne den Flächeninhalt des Kreisausschnitts. Der Radius r beträgt jeweils 5,5 cm.

a)

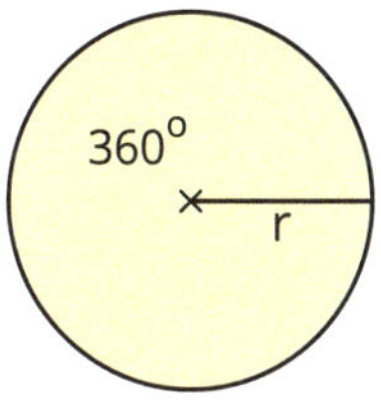

b)

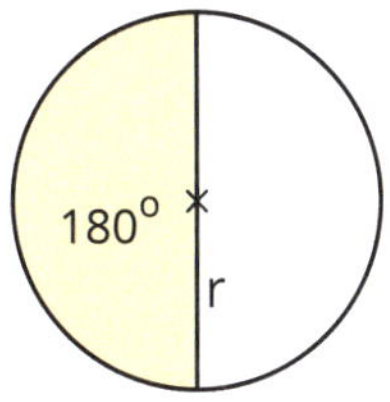

c)

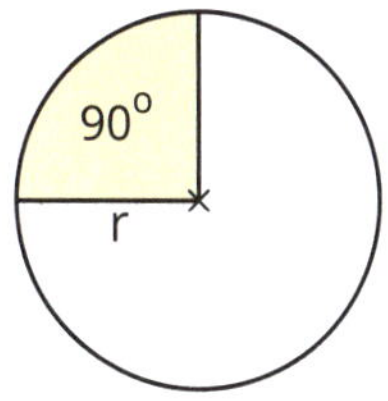

d)

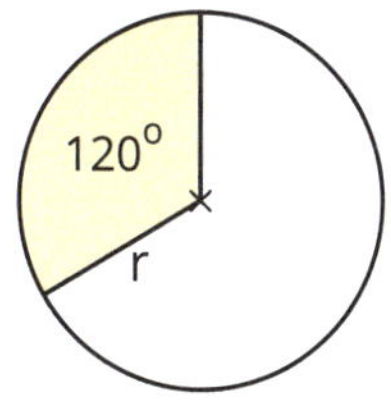

a)
A = ______ πr^2
A = ______ $\pi \cdot 5{,}5^2$
A ≈ $95{,}03\ cm^2$

b)
A = ______
A = ______
A ≈ ______

c)
A = ______
A = ______
A ≈ ______

d)
A = ______
A = ______
A ≈ ______

2. Berechne den Flächeninhalt A und die Bogenlänge b des Kreisausschnitts.

a)

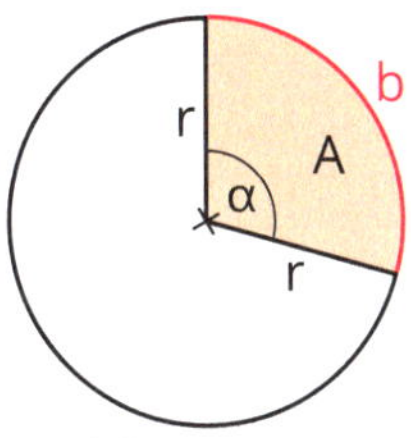

r = 4,8 m

α = 110°

b)

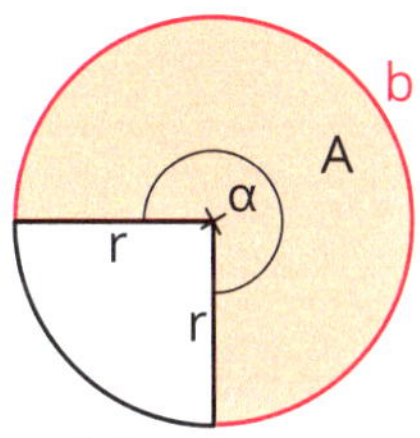

r = 9,3 m

α = 270°

3. Berechne die fehlenden Werte des Kreisausschnitts.

	r	α	b	A
a)	2,7 cm	190°		
b)		114°	7,52 cm	
c)	7,5 mm		5,89 mm	
d)		55°		$7{,}8\ dm^2$

Oberfläche des Zylinders

1. a) Berechne den rot gefärbten Umfang des Zylinders und vervollständige das Netz des Zylinders.

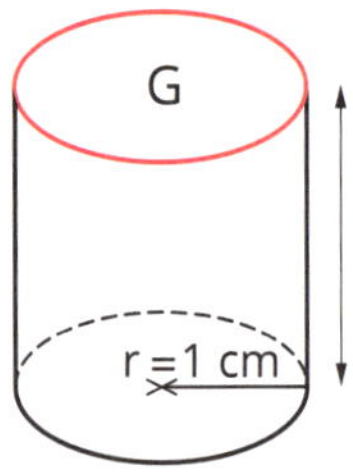

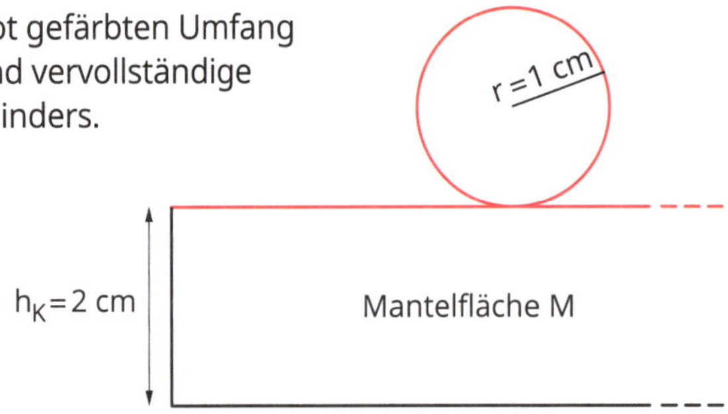

b) Berechne die Grundfläche G und die Mantelfläche M des Zylinders.

2. Ordne zu und notiere die Formeln für den Zylinder.

$2\pi r^2 + 2\pi r h_K$ $2\pi r h_K$ πr^2

G = ______ M = ______ O = ______

3. Berechne die gesuchte Größe des Zylinders.

a) Oberfläche O = ?

b) Höhe h_K = ?

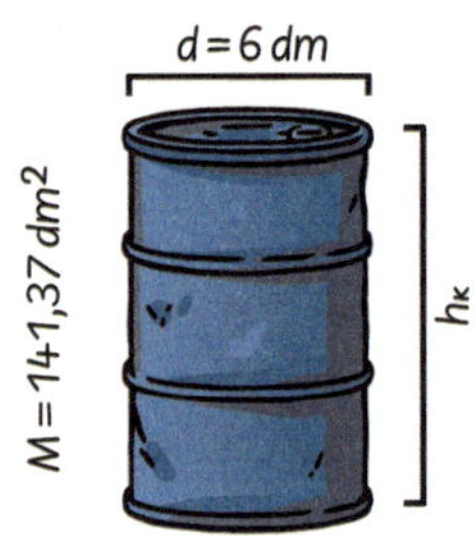

c) Höhe h_K = ?

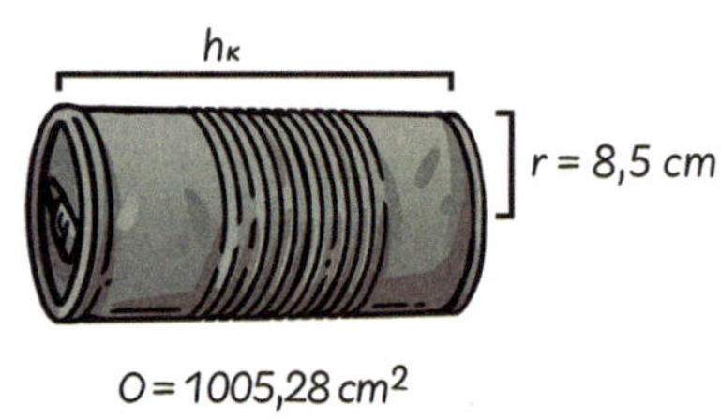

a) $r = 3{,}5$ cm

$M = 2\pi r \cdot h_K$

M =

M ≈

O =

Volumen des Zylinders

1. Berechne das Volumen des Zylinders.

a)
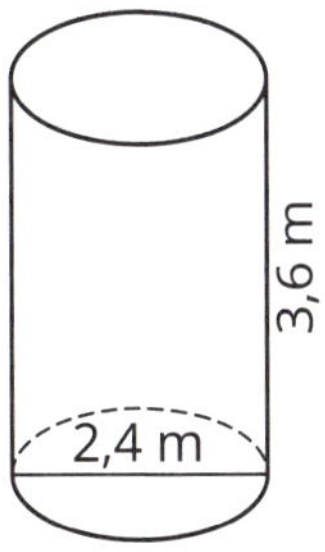

b)
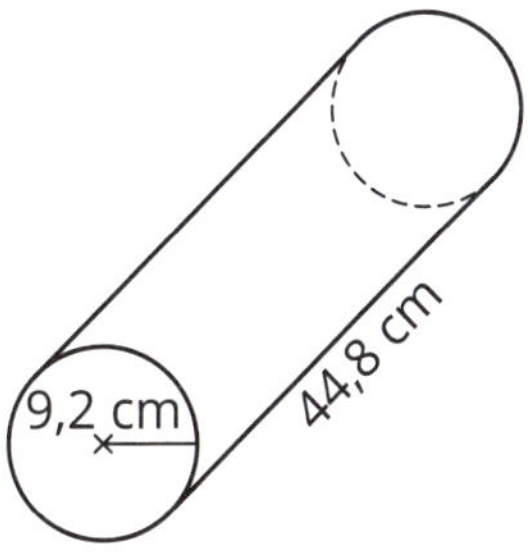

c)
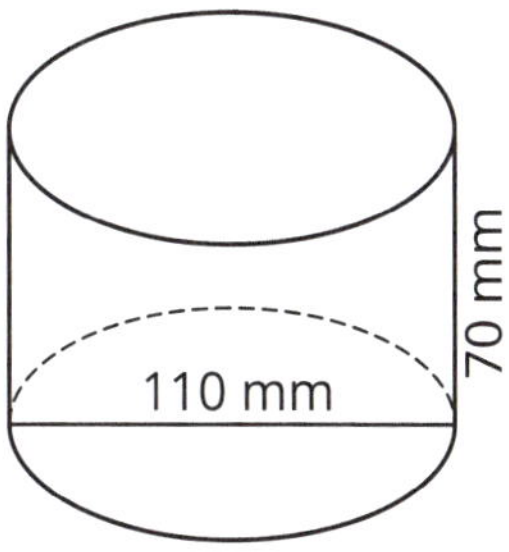

2. Berechne die fehlenden Werte des Zylinders.

	Radius r	Höhe h_K	Grundfläche G	Volumen V	Mantelfläche M	Oberfläche O
a)	1,2 m	3,70 m				
b)		6,4 cm	26,8 cm²			
c)	2,5 cm			102,1 cm³		
d)	7,2 cm					900 cm²

1. Berechne die gesuchten Größen des Kreises mit dem Taschenrechner.

	a)	b)	c)
r			
d	6,8 cm		
u		33,9 cm	
A			588,6 cm²

2. Berechne die gefärbte Fläche.

a) $r_1 = 13$ cm; $r_2 = 6,5$ cm

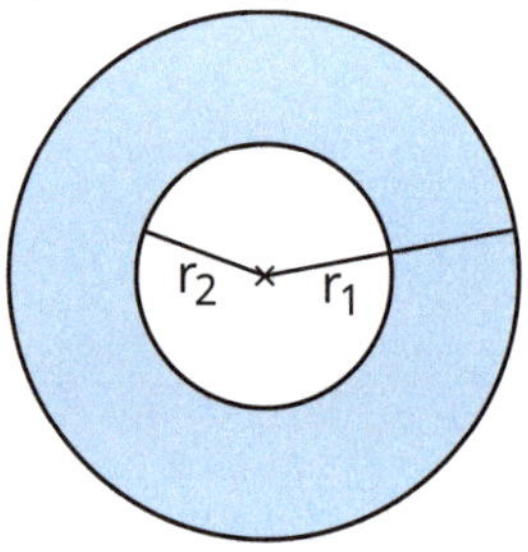

b) $r = 3,5$ cm; $\alpha = 240°$

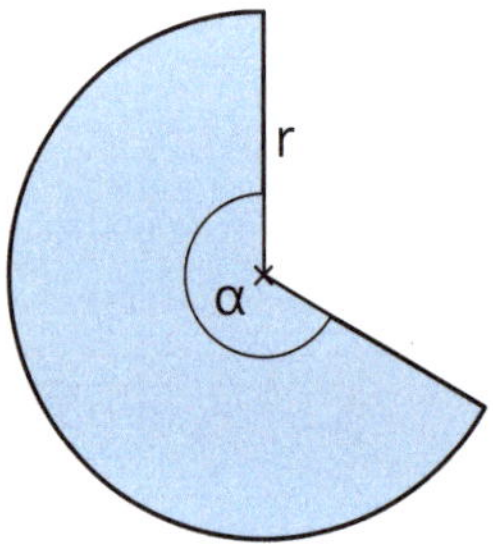

c)

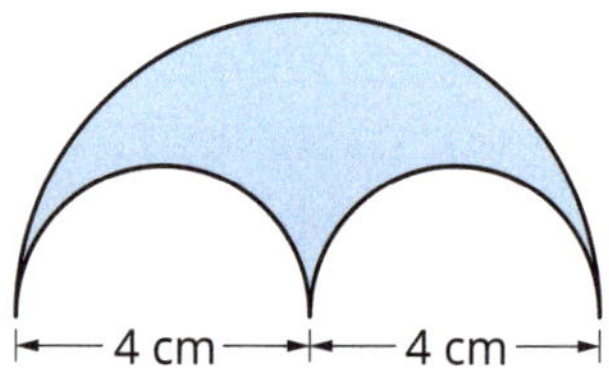

3. Berechne das Volumen und die Oberfläche des zusammengesetzten Körpers.

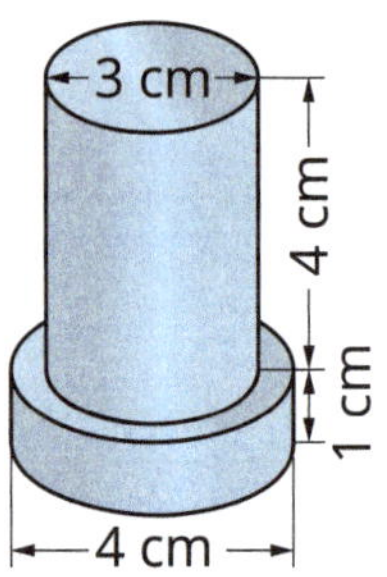

Lineare Gleichungssysteme 8

1. Paul und seine Freundin Laura wohnen in Altbach und gehen im 7 km entfernten Esslingen zur Schule. Wenn Paul mit dem Fahrrad zur Schule fährt, benötigt er 30 Minuten. Wenn Laura mit ihrem E-Scooter fährt, braucht sie 20 Minuten. Paul startet um 7:10 Uhr, Laura um 7:15 Uhr.

a) Ergänze in der rechten Abbildung die Darstellung der Fahrt von Laura.

b) Lies aus der grafischen Darstellung ab:

Wann wird Paul von Laura überholt?

____

____

Wie weit ist es dann noch bis zur Schule?

____

____

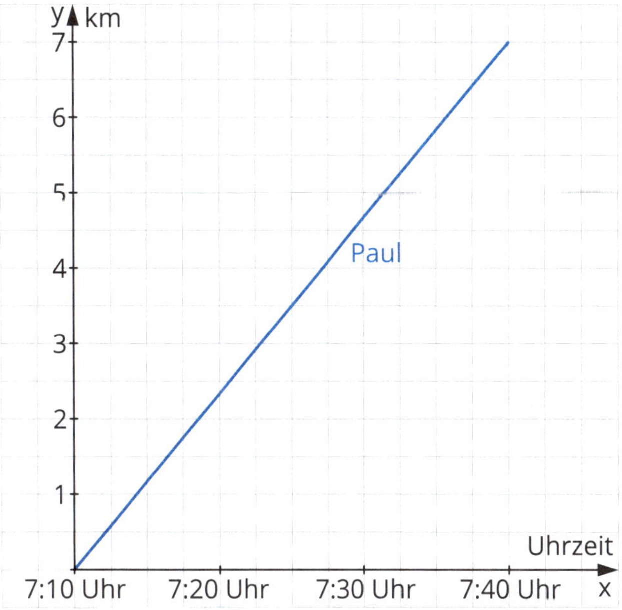

2. Der Fernsehturm ist eines der Wahrzeichen Berlins. In einer Höhe von etwa 204 m befindet sich eine Aussichtsplattform, die man mit zwei gläsernen Aufzügen erreichen kann. Die Aufzüge fahren mit einer Geschwindigkeit von sechs Metern pro Sekunde.
Familie Mesic hat ihren Aufenthalt auf der Plattform gerade beendet und fährt mit dem Aufzug nach unten. Vier Sekunden später startet Familie Jovic mit dem anderen Aufzug ihre Fahrt nach oben.

a) Ergänze im Koordinatensystem die Fahrt von Familie Jovic.

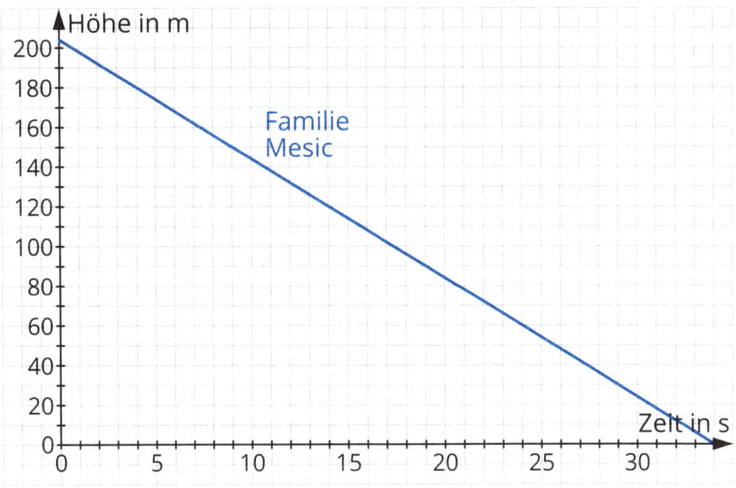

b) Nach wie vielen Sekunden befinden sich die beiden Familien auf der gleichen Höhe? Auf welcher Höhe befinden sie sich dann?

____

____

Lagebeziehungen von Graphen linearer Funktionen

1. a) Zeichne die Graphen der vier linearen Funktionen in den passenden Farben in das Koordinatensystem.

g: $y = -\frac{1}{3}x + 6$	h: $y = \frac{2}{3}x + 3$	i: $y = \frac{2}{3}x$	k: $y = \frac{1}{3}x + 5$

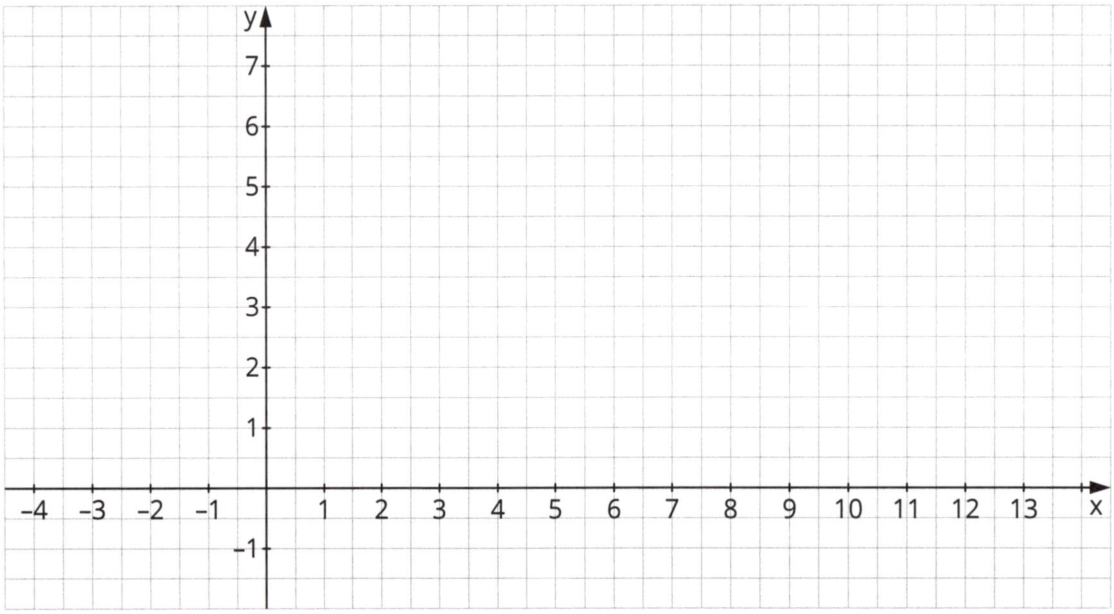

b) Die Gerade g hat mit jeder der drei anderen Geraden einen Schnittpunkt. Gib die Koordinaten an.

S_{gh}(____ | ____) S_{gi}(____ | ____) S_{gk}(____ | ____)

c) Gib an, wie die Geraden zueinander liegen.

Die Geraden h und i ______________________________

Die Geraden h und k ______________________________

d) Nimm Stellung zu der Aussage von Kai. Begründe deine Antwort.

____

____

____

____

____

2. Ordne die Geraden ① bis ⑥ so zu, dass die Aussagen richtig sind. Du darfst jede Gerade nur einmal verwenden.

① $y = -\frac{3}{2}x + 0{,}5$	④ $y = 0{,}5x + \frac{3}{2}$
② $y = \frac{1}{2}x + 1{,}5$	⑤ $y = \frac{3}{2}x - \frac{1}{2}$
③ $y = -1{,}5x - \frac{1}{2}$	⑥ $y = -\frac{1}{2}x - 0{,}5$

Die Geraden ____ und ____ sind parallel.

Die Geraden ____ und ____ sind identisch.

Die Geraden ____ und ____ schneiden sich.

Lineare Gleichungen mit zwei Variablen

1. a) Prüfe durch Einsetzen, welche der beiden angegebenen Zahlenpaare (x|y) Lösungen der Gleichung sind. Kreuze alle Lösungen an.

	① $y = 2x - 2$	② $0{,}5x - y = 0$	③ $4x + 8y = 16$
Zahlenpaare	☐ (−1|0)	☐ (4|1)	☐ (2|1)
	☐ (1|0)	☐ (4|2)	☐ (−2|3)

Rechnungen:

b) Bestätige deine Ergebnisse aus Aufgabenteil 1a) durch eine zeichnerische Lösung. Löse die Gleichungen ② und ③ dafür zunächst nach y auf.

① $y = 2x - 2$

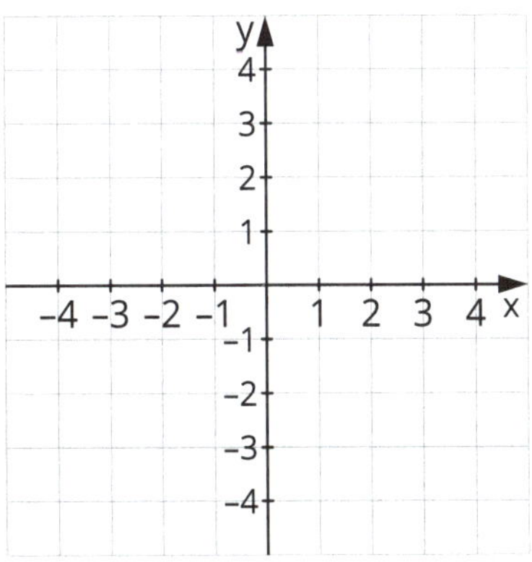

② y = ______

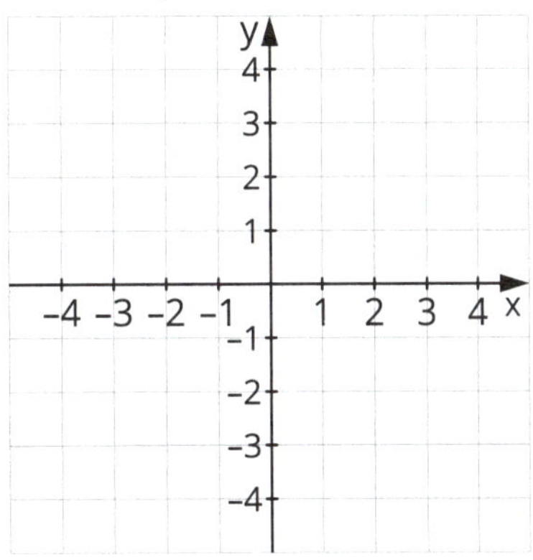

③ y = ______

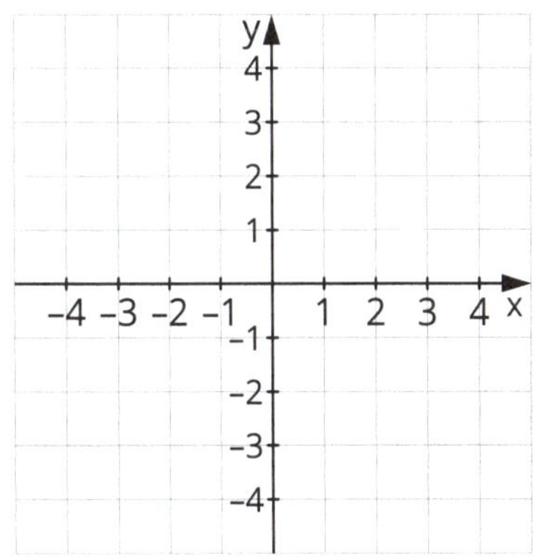

2. a) Ordne die Gleichungen den zugehörigen Graphen zu. Färbe die Graphen in der zur Gleichung passenden Farbe.

$y = -x + 1$

$x = 2y + 3$

$-2x + 3y = 8$

$0 = -12x - 6y$

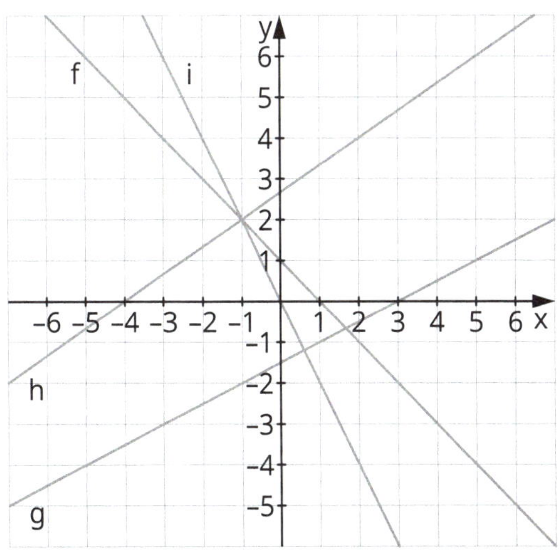

b) Drei der Gleichungen besitzen eine gemeinsame Lösung. Gib diese gemeinsame Lösung an.

Gemeinsame Lösung: (____|____)

Lineare Gleichungssysteme

1. Bestimme die gemeinsame Lösung beider Gleichungen zeichnerisch.

a) I $y = 2x + 1$
II $y = -3x + 6$

Lösung: (____|____)

b) I $y = \frac{1}{5}x - 2$
II $y = -x + 4$

Lösung: (____|____)

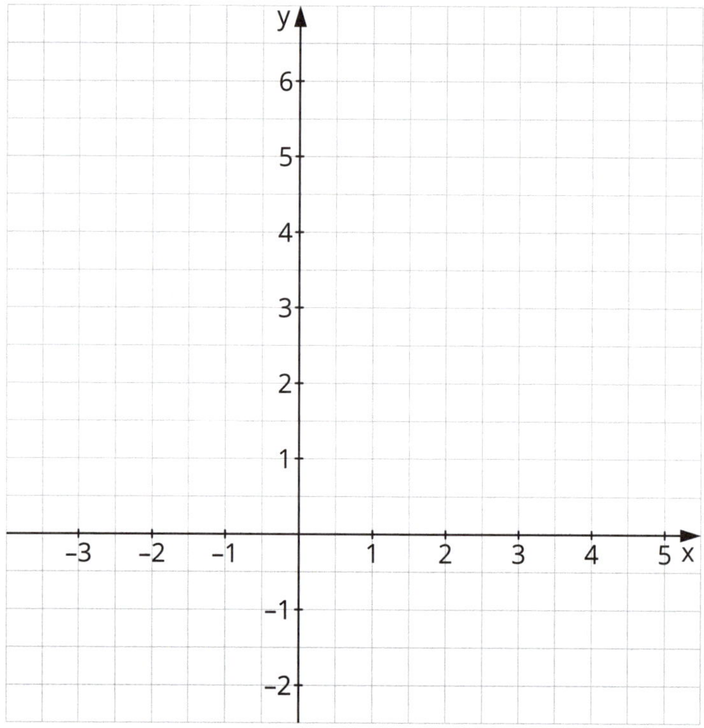

2. Zwei Kerzen werden zeitgleich angezündet. Die eine Kerze ist 6 cm hoch und brennt pro Stunde 1 cm herunter. Die andere Kerze ist 5 cm hoch und brennt pro Stunde 0,5 cm ab.

a) Kreuze das Gleichungssystem an, das den Sachverhalt der Aufgabe richtig darstellt.

① ☐ I $y = x - 5$; II $y = 0{,}5x - 6$

② ☐ I $y = -x + 6$; II $y = -\frac{1}{2}x + 5$

③ ☐ I $y = \frac{1}{2}x + 5$; II $y = -\frac{1}{2}x + 6$

④ ☐ I $y = -x - 5$; II $y = -0{,}5x - 6$

b) Bestimme durch eine zeichnerische Lösung, nach welcher Brenndauer die beiden Kerzen gleich hoch sind. Wie hoch sind sie zu diesem Zeitpunkt?

Antwort: ______________________________

____

Gleichsetzungsverfahren

1. Löse das lineare Gleichungssystem mit dem Gleichsetzungsverfahren.
Kontrolliere deine Lösung mit einer Probe.

a) I $y = 5x + 7$
II $y = 3x + 15$

$I = II \quad 5x + 7 = 3x + 15$

Probe:

b) I $y = 2 - 15x$
II $y = -12x + 8$

c) I $3x = 7y + 4$
II $3x = 14y - 10$

d) I $-4y + x = 9$
II $2x = 14y - 12$

Einsetzungsverfahren

1. Löse das lineare Gleichungssystem mit dem Einsetzungsverfahren.

a)
I $y = 3x - 7$
II $2x + y = 8$

I in II $2x + 3x - 7 = 8$

b)
I $x = 6y - 9$
II $3x + 2y = 13$

c)
I $x = 4y + 8$
II $3y + 5x = -6$

d)
I $x - 3y = 8$
II $y = -x + 4$

e)
I $y + 15 = 3x$
II $2y - 10 = 2x$

f)
I $2y = 2x - 40$
II $6x = 20 - 4y$

Additionsverfahren

1. Löse das lineare Gleichungssystem mit dem Additionsverfahren.

a)
I $4x - 2y = -2$
II $x + 2y = 17$

I + II $5x = 15$

b)
I $3x + 7y = 14$
II $9x - 14y = 77$

c)
I $5x - 3y = 1$
II $-8x + 6y = 2$

d)
I $3x + 7y = 40$
II $x + 6y = -5$

e)
I $3x + 4y = 18$
II $5x - 3y = 1$

f)
I $-6x + 5y = 22$
II $4x - 7y = -22$

Lösen von Sachaufgaben mit linearen Gleichungssystemen

1. Kreuze jeweils die Gleichung an, die den Sachverhalt beschreibt. Gib jeweils an, wofür die Variablen x und y in der Gleichung stehen.

a) Inga muss beim Einkaufen 8 € bezahlen. Sie bezahlt passend mit 1-€- und 2-€-Münzen.

☐ $x + y = 8$ ☐ $x + 2y = 8$ ☐ $x - y = 8$

x steht für: ______ y steht für: ______

b) Martha kauft vier Croissants und zwei Brezeln für insgesamt 6 €.

☐ $2x + 4y = 6$ ☐ $6x + 4y = 2$ ☐ $4x - 6y = 2$

x steht für: ______ y steht für: ______

c) Bei einer Paddeltour müssen sich die 34 Teilnehmer auf Boote mit fünf und mit sieben Sitzen aufteilen.

☐ $5x + 7x = 34$ ☐ $5x = 7y + 34$ ☐ $34 = 7x + 5y$

x steht für: ______ y steht für: ______

2. Stelle ein lineares Gleichungssystem auf und löse es.

a) Eine Gruppe der Schule mit 399 Personen fährt zum Rodeln und Skifahren ins Allgäu.
11 Busse sind bis auf den letzten Platz besetzt.
Der Busunternehmer schickt Busse mit 29 und 45 Sitzplätzen.
Wie viele Busse von jeder Art kommen zum Einsatz?

	Anzahl	Personen
Busse (29 Plätze)		
Busse (45 Plätze)		
zusammen		

b) An der Kasse eines Automuseums zahlt ein Erwachsener 6 € und ein Kind 4 €.
Familie Toprak kommt mit 8 Personen und zahlt 44 €.
Wie viele Erwachsene und wie viele Kinder gehören zu Familie Toprak?

Mischungsaufgaben

1. Mischt man 6 kg Erdnüsse mit 4 kg Walnüssen, so kostet 1 kg dieser Mischung 10 €. Mischt man aber 3 kg Erdnüsse mit 3 kg Walnüssen, so kostet 1 kg dieser Mischung 10,50 €. Berechne den Preis für 1 kg Erdnüsse und 1 kg Walnüsse.

Zoe bearbeitet die Aufgabe mit Hilfe einer Tabelle.
Ergänze die fehlenden Einträge und löse die Aufgabe.

Gleichung I:

Sorte	Masse (kg)	Preis pro kg (€)	Gesamtpreis (€)
Erdnüsse	6	x	$6x$
Walnüsse	4	y	$4y$
Mischung	10	10	100

Gleichung II:

Sorte	Masse (kg)	Preis pro kg (€)	Gesamtpreis (€)
Erdnüsse			
Walnüsse			
Mischung			

I $6x + 4y = 100$

II ______

2. In einer Schokoladenhandlung soll aus zwei Sorten Schokolade eine Mischung hergestellt werden. Wenn 15 kg der Sorte A mit 30 kg der Sorte B gemischt werden, so erhält man eine Schokolade mit einem Kakao-Anteil von 60 %. Mischt man jedoch 30 kg der Sorte A mit 15 kg der Sorte B, so erhält man eine Schokolade mit einem Kakao-Anteil von 80 %.
Ermittle den Kakao-Anteil der beiden Sorten mit Hilfe der Tabellen.

Sorte	Masse (kg)	Kakaoanteil (%)	Produkt
Sorte A	15	x	$15x$
Sorte B	30	y	
Mischung			

Sorte	Masse (kg)	Kakaoanteil (%)	Produkt
Sorte A			
Sorte B			
Mischung			

I ______

II ______

1. Stelle jeweils das lineare Gleichungssystem auf. Überprüfe die Richtigkeit deiner Gleichungen, indem du im Koordinatensystem den Geradenschnittpunkt abliest und eine Probe machst.

a)

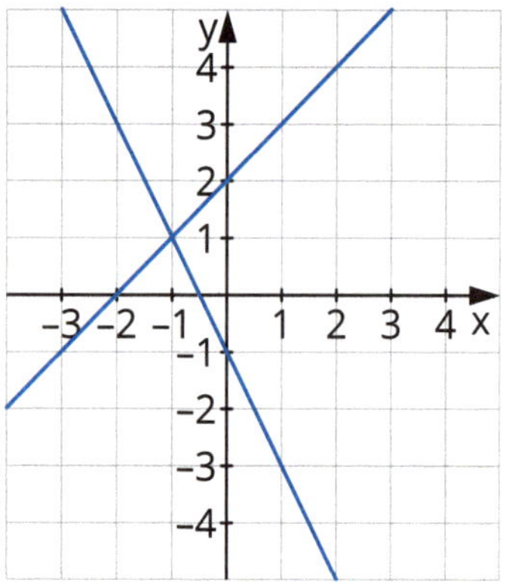

(I) __________

(II) __________

Lösung: (____ | ____)

b)

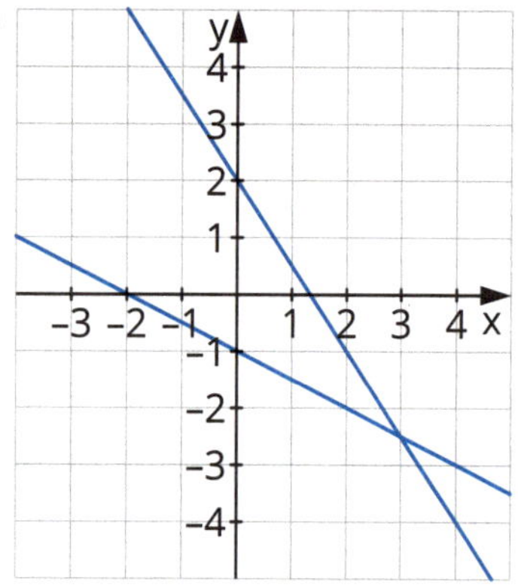

(I) __________

(II) __________

Lösung: (____ | ____)

2. Löse das lineare Gleichungssystem mit einem Verfahren deiner Wahl.

a)
I $4x + 3y = 2$
II $3x + y = -1$

b)
I $6x + 3y = 21$
II $20x + 4y = 52$

3. Löse das Sachproblem mit einem linearen Gleichungssystem.

Ein Jugendhotel mit 53 Betten ist voll belegt. Das Hotel hat insgesamt 20 Zimmer. In jedem Zimmer befinden sich entweder 2 Betten oder 3 Betten. Berechne die Anzahl der 2-Bett-Zimmer und die der 3-Bett-Zimmer.

Antwort: __________

9 Daten und Zufall

1. Die 15 Filialen eines Unternehmens erreichten in zwei aufeinander folgenden Geschäftsjahren folgende Gewinne (in Millionen Euro).

1. Jahr:	2	2	7	6	2	8	4	6	3	7	3	9	6	2	8
Rangliste:															
2. Jahr:	4	9	4	5	6	8	3	10	5	4	3	9	4	6	4
Rangliste:															

a) Werte die Daten aus, indem du die Kennwerte bestimmst.

	Spannweite	Median	Mittelwert
1. Jahr:			
2. Jahr:			

b) War das 1. Jahr für das Unternehmen erfolgreicher als das 2. Jahr? Begründe deine Entscheidung.

2. Hier sind die Punktzahlen von zwei Klassen in einer Aufgabe aus einer gemeinsam geschriebenen Klassenarbeit im Fach Mathematik dargestellt. Es konnten maximal 5 Punkte erreicht werden.

a) Bestimme für jede Klasse den Median und den Mittelwert der erreichten Punktzahlen bei dieser Aufgabe.

Klasse 9a

0	1	2	3	4	5
I	III	IIII	卌 卌 II	卌	II

Klasse 9b

0	1	2	3	4	5
I	III	卌 卌	卌 卌	III	I

b) Welche der beiden Klassen hat bei der Aufgabe besser abgeschnitten? Begründe deine Antwort.

3. Auch die Parallelklasse 9c hat diese Aufgabe bearbeitet. Bekannt ist:
① Es waren nur 20 Schülerinnen und Schüler der 9c anwesend.
② Die Spannweite betrug 3 Punkte.
③ Niemand erreichte die Höchstpunktzahl, jeder erreichte mindestens 1 Punkt.
④ Die Hälfte aller Teilnehmer erzielte 4 Punkte.

Klasse 9c

0	1	2	3	4	5
0		5	4	10	0

a) Ergänze in der dritten Tabellenzeile die fehlende Anzahl für 1 Punkt passend.

b) Gib eine weitere Möglichkeit für das Abschneiden der Klasse 9c an.

Boxplots

1. Swenja, Till und Maren haben jeweils einen Papierfrosch gebastelt, der hüpfen kann. Aber welcher Frosch ist der beste Hüpfer? Um das herauszufinden, haben sie jeden Frosch 20-mal hintereinander springen lassen und die Weiten notiert.

Swenja:	42 mm	42 mm	39 mm	43 mm	39 mm	42 mm	38 mm	41 mm	42 mm	43 mm
	36 mm	42 mm	42 mm	39 mm	43 mm	46 mm	40 mm	40 mm	41 mm	38 mm
Till:	42 mm	42 mm	41 mm	41 mm	43 mm	42 mm	42 mm	42 mm	40 mm	40 mm
	43 mm	44 mm	42 mm	38 mm	43 mm	37 mm	46 mm	43 mm	44 mm	38 mm
Maren:	45 mm	37 mm	38 mm	45 mm	34 mm	45 mm	46 mm	47 mm	41 mm	36 mm
	37 mm	38 mm	40 mm	41 mm	39 mm	38 mm	43 mm	44 mm	43 mm	41 mm

a) Bestimme bei jedem Frosch, wie häufig welche Weite (in mm) erreicht wurde

	34	35	36	37	38	39	40	41	42	43	44	45	46	47
	–	–	I	–	II	III								

b) Bestimme die folgenden Werte, mit deren Hilfe du die Ergebnisse der drei Papierfrösche vergleichen kannst.

	Minimum	unteres Quartil	Median	oberes Quartil	Maximum
	36	39			

c) Die Ergebnisse von zwei Papierfröschen sind im Boxplot dargestellt. Notiere die Farbe des passenden Frosches vor dem Boxplot und zeichne einen Boxplot zu den Ergebnissen des dritten Papierfrosches.

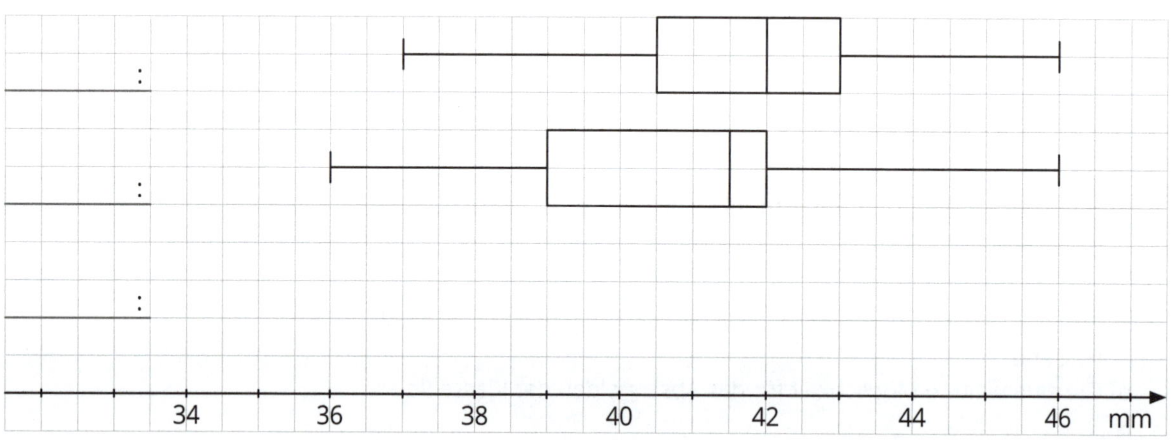

Diagramme lesen und zeichnen

1. Die Grafik zeigt die Anzahl der jeweiligen Schulabschlüsse im Jahr 2016 in Deutschland an.

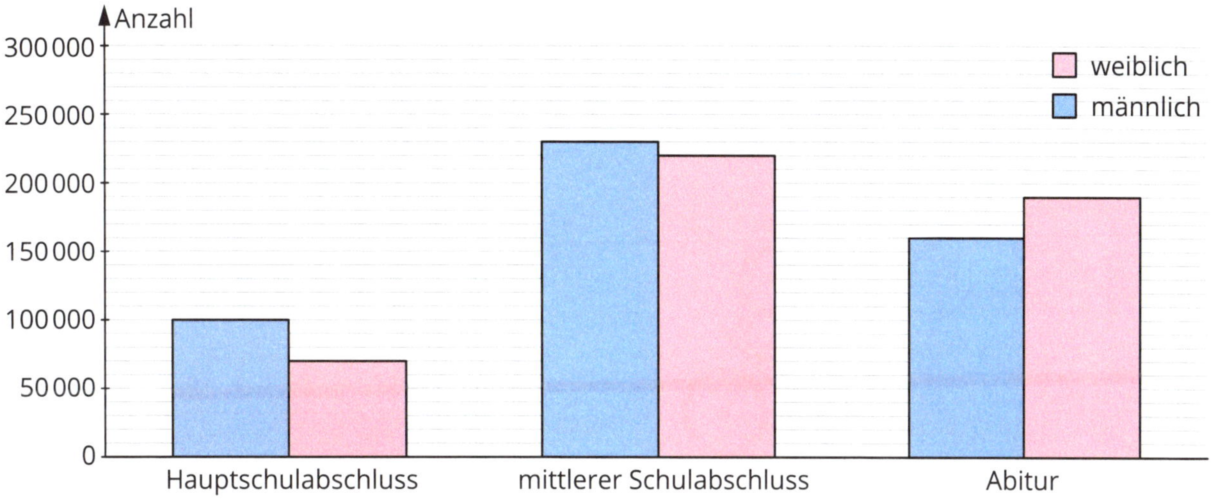

a) Lies die Anzahlen aus dem Diagramm ab und trage sie in die Tabelle ein.

	männlich	weiblich	insgesamt
Hauptschulabschluss			
mittlerer Schulabschluss			
Abitur			

Gesamtanzahl der Schulabschlüsse: ____________

b) Berechne jeweils die Anteile an der Gesamtanzahl der Schulabschlüsse in Prozent.

Hauptschulabschluss: ________ % mittlerer Schulabschluss: ________ % Abitur: ________ %

c) Stelle die in b) berechneten Anteile der drei Schulabschlüsse an der Gesamtanzahl in einem Streifendiagramm und in einem Kreisdiagramm dar.

Diagramme bewerten

1. In dem Diagramm wird die Anzahl der produzierten E-Bikes in Deutschland von 2016 bis 2020 dargestellt.
a) Zeichne zu den im Diagramm dargestellten Daten ein Säulendiagramm.

Statistisches Bundesamt, 21.03.2021

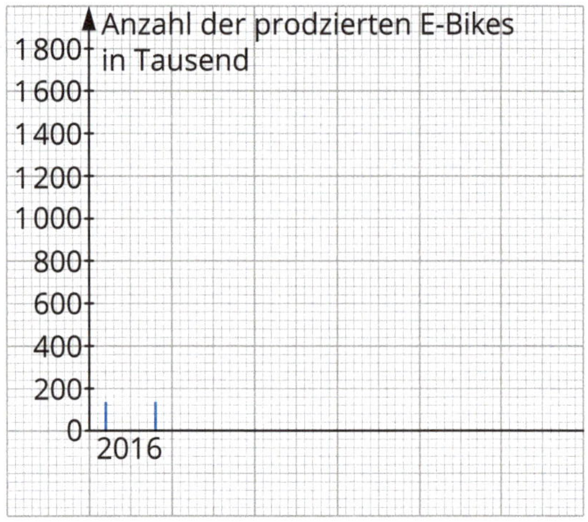

b) Vergleiche die beiden Diagramme und beurteile, ob die Daten richtig dargestellt werden. Betrachte dazu die Größenverhältnisse der verwendeten E-Bike-Zeichnungen.

2. Laut einer Wochenzeitschrift gilt WhatsApp 2020 über alle Altersgruppen hinweg als das meistgenutzte soziale Netzwerk in Deutschland. Dazu wird das rechts abgebildete Diagramm veröffentlicht.
a) Beschreibe den Fehler, der in der Wochenzeitschrift gemacht wird.

Anteil der Nutzer*innen von Whatsapp nach Altersgruppen in Deutschland im Jahr 2020 (in %)

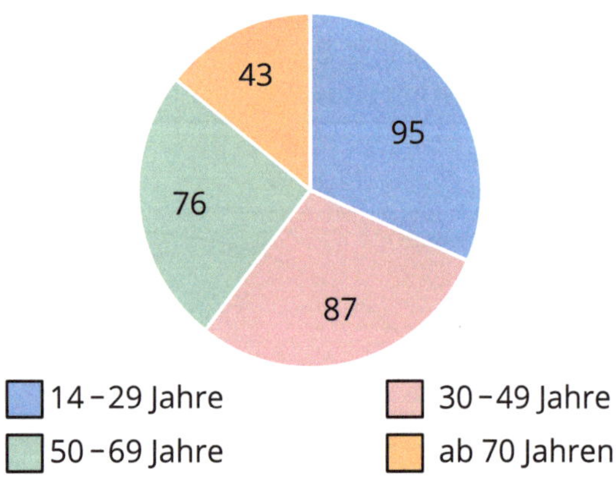

de.statista.com, 21.03.2021

Anteil der Nutzer*innen von Whatsapp nach Altersgruppen in Deutschland im Jahr 2020 (in %)

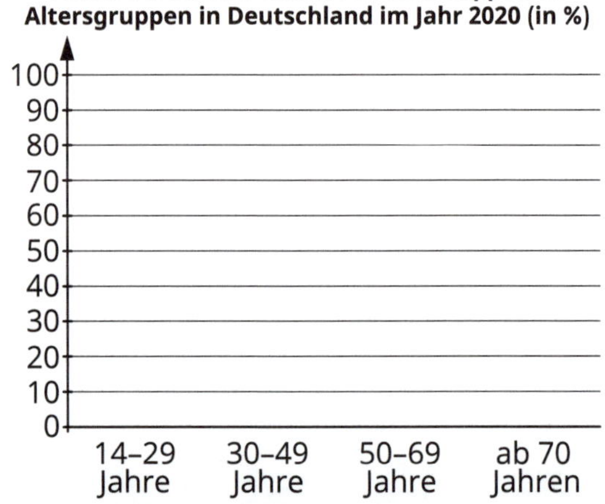

b) Zeichne ein Säulendiagramm, in dem die Anteile der verschiedenen Altersgruppen korrekt dargestellt werden.

Baumdiagramme und zweistufige Zufallsversuche

1. Aus der abgebildeten Urne werden zufällig nacheinander zwei Kugeln gezogen, einmal mit und einmal ohne Zurücklegen.

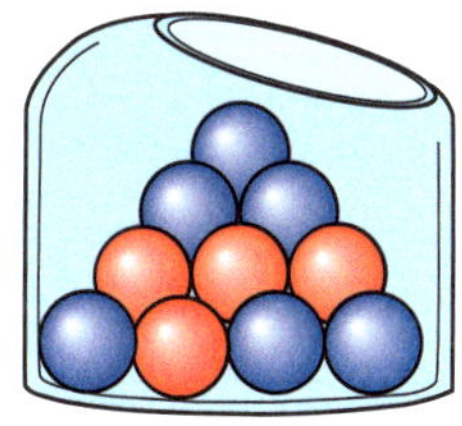

a) Vervollständige die zugehörigen Baumdiagramme.

mit Zurücklegen

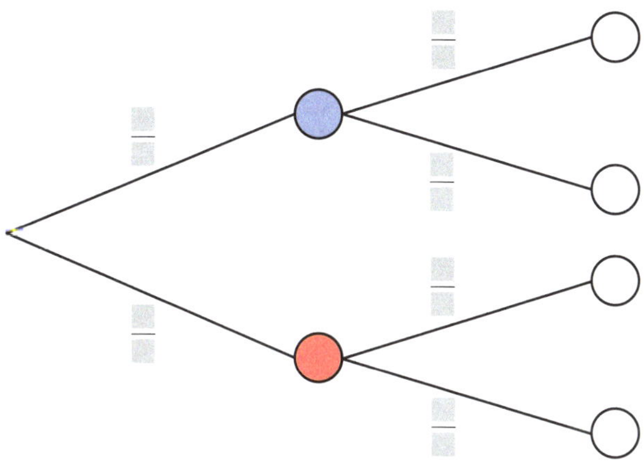

ohne Zurücklegen

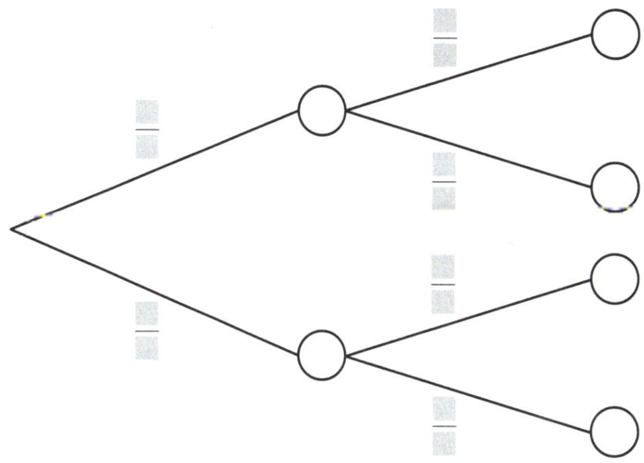

b) In welchem Fall ist die Wahrscheinlichkeit größer, zwei blaue Kugeln zu ziehen?
Mit Zurücklegen (links) oder ohne Zurücklegen (rechts)?
Formuliere zunächst eine begründete Vermutung und überprüfe sie dann durch Rechnung.

Vermutung: ______________________________

____

____

Rechnung: **mit Zurücklegen** **ohne Zurücklegen**

P(●, ●) = ______________ = ______________ P(●, ●) = ______________ = ______________

2. a) Ergänze im Baumdiagramm rechts die fehlenden Wahrscheinlichkeiten.

b) Bestimme die Wahrscheinlichkeiten für alle möglichen Ergebnisse.

P(G, G)

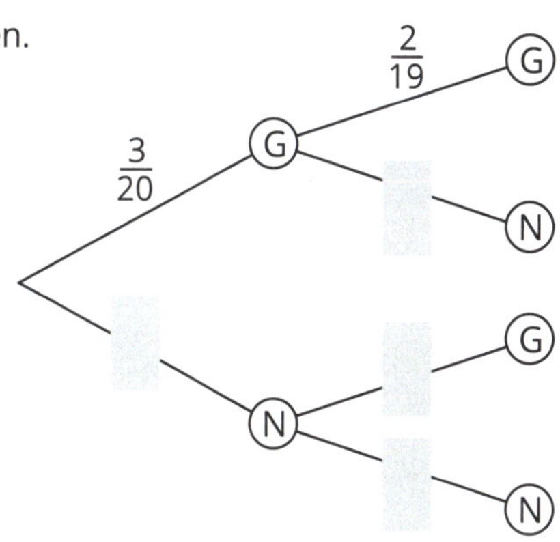

c) Denke dir ein zum Baumdiagramm passendes Zufallsexperiment aus.

____

____

____

Produkt- und Summenregel

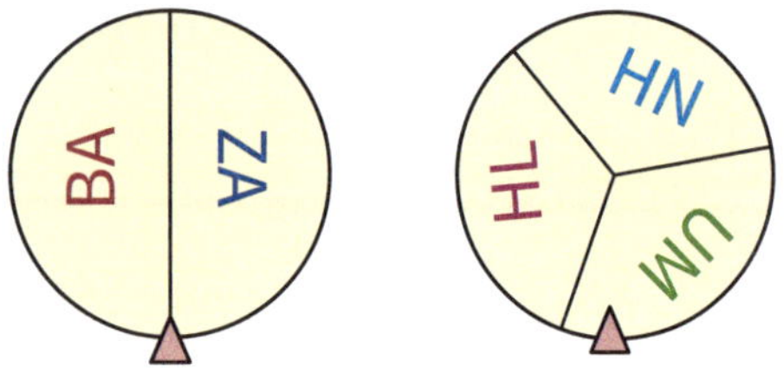

1. Die beiden Glückräder werden gleichzeitig gedreht.

a) Vervollständige das abgebildete Baumdiagramm.

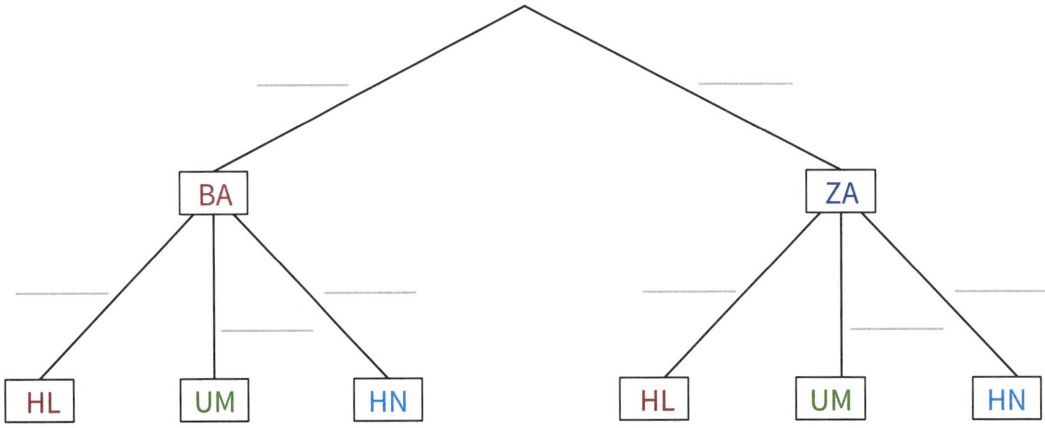

b) Bestimme die Wahrscheinlichkeit für

P(ZAHL oder BAHN) = ______

P(ZAHN oder BAUM oder ZAHL) = ______

2. Das abgebildete Baumdiagramm beschreibt ein zweistufiges Zufallsexperiment.

a) Zeichne eine passende Anzahl von Kugeln in die Urne.

b) Vervollständige das Baumdiagramm.

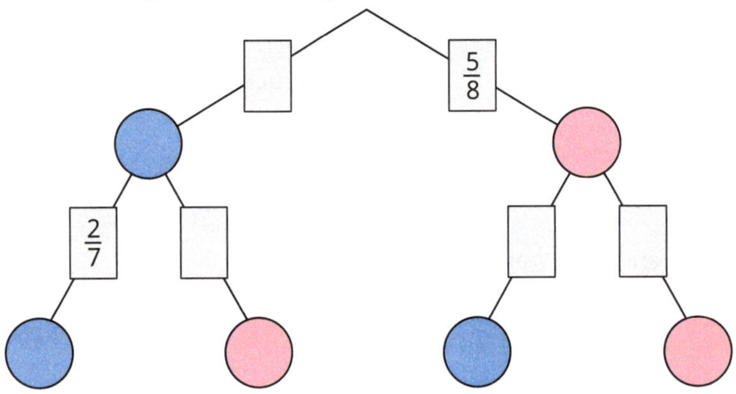

c) Bestimme die Wahrscheinlichkeiten für die folgenden Ereignisse:

P(blau, blau) = ______

P(genau eine rote Kugel) = ______

P(mindestens eine rote Kugel) = ______

P(alle Kugeln gleichfarbig) = ______

Rechnen mit dem Gegenereignis

1. Elif kommt mit der S-Bahn zur Schule. Sie fährt erst mit der S3 und steigt dann in den Bus 218.
Die S3 ist mit einer Wahrscheinlichkeit von 80 % pünktlich, der Bus 218 mit einer Wahrscheinlichkeit von 75 %.

a) Ist es wahrscheinlicher, dass an einem Tag beide Verkehrsmittel pünktlich sind oder dass sich beide verspäten?
Formuliere zunächst eine Vermutung und überprüfe sie dann durch Rechnung.

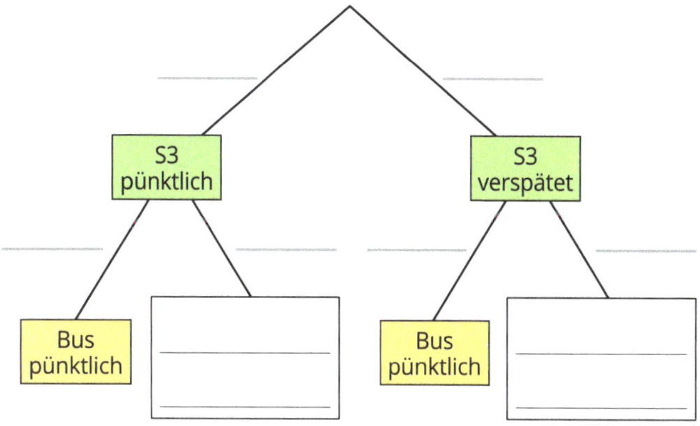

Vermutung: ______________________________

P(beide pünktlich) = ______________________________

P(beide verspätet) = ______________________________

b) Wie groß ist die Wahrscheinlichkeit, dass mindestens eines der beiden Verkehrsmittel verspätet kommt? Kannst du diese Frage mit den Ergebnissen aus a) direkt beantworten ?

____

____

2. In einem Korb sind 20 Murmeln. Davon sind 8 grün, 3 rot, 2 gelb und 7 blau.

a) Karl greift in den Korb und nimmt nacheinander ohne hinzusehen zwei Murmeln heraus. Ergänze die Wahrscheinlichkeiten in dem Baumdiagramm.

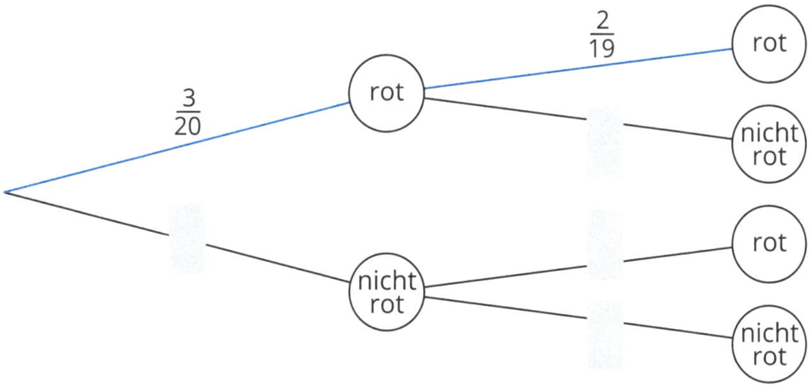

b) Entscheide für den blau markierten Pfad im Baumdiagramm, ob die Aussage wahr oder falsch ist.

Ⓐ Karl greift zwei gleichfarbige Murmeln heraus.	☐ wahr	☐ falsch
Ⓑ Karl legt nach jedem Ziehen die Murmel wieder zurück.	☐ wahr	☐ falsch
Ⓒ Die Wahrscheinlichkeit für das Ereignis des blau markierten Pfades ist kleiner als 1 %.	☐ wahr	☐ falsch

1. Abgebildet siehst du drei Säulendiagramme, die Notenübersichten von drei Klassenarbeiten darstellen. Ordne die Informationen über die Klassenarbeiten den Säulendiagrammen zu.

Klassenarbeit A: Die Spannweite liegt bei 4, der Mittelwert ist ganzzahlig.	**Klassenarbeit B:** Der Notendurchschnitt beträgt 2,5; der Median auch.	**Klassenarbeit C:** Bei 22 Teilnehmern ist der Mittelwert größer als der Median.

Diagramm 1

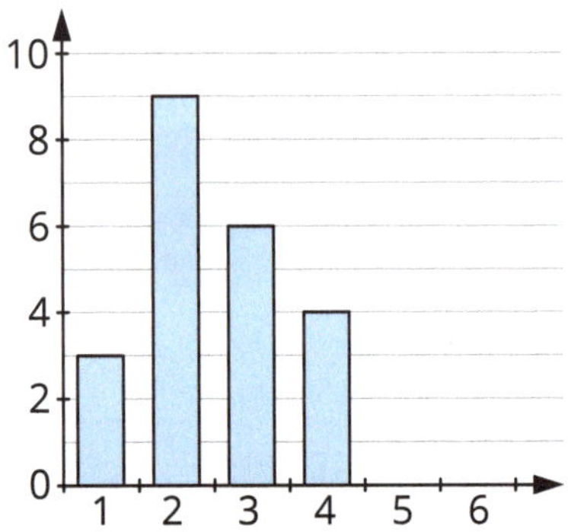

Klassenarbeit ______

Diagramm 2

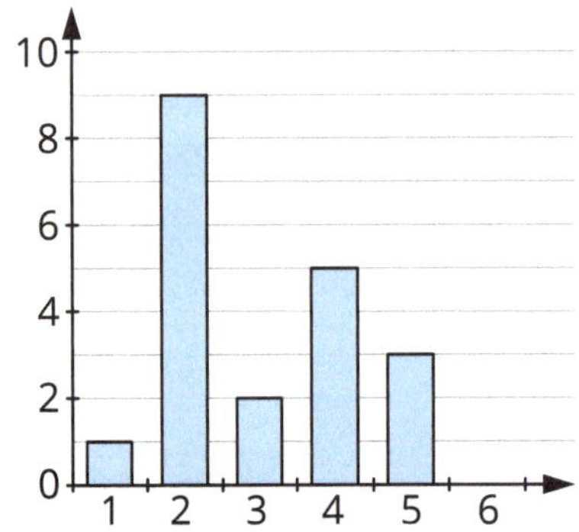

Klassenarbeit ______

Diagramm 3

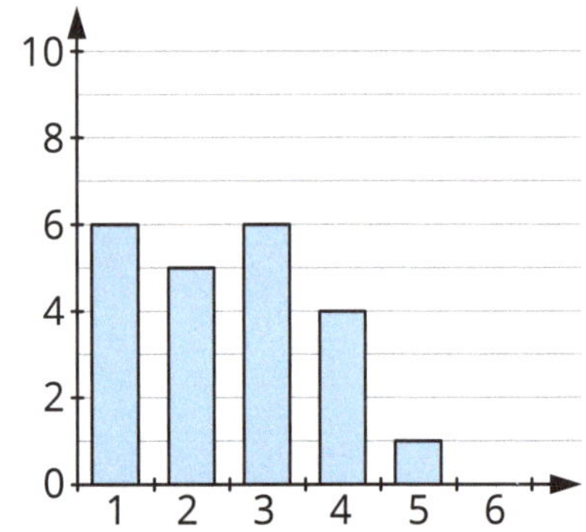

Klassenarbeit ______

2. Aus der abgebildeten Urne wird zweimal eine Kugel ohne Zurücklegen gezogen.
a) Stelle das Zufallsexperiment im Baumdiagramm dar und ergänze die Wahrscheinlichkeiten.
b) Bestimme die Wahrscheinlichkeit für die angegebenen Ereignisse.

P(zweimal blau) = ______

P(zweimal gelb) = ______

P(mindestens eine rote Kugel) = ______

P(genau eine blaue Kugel) = ______

P(zwei gleichfarbige Kugeln) = ______

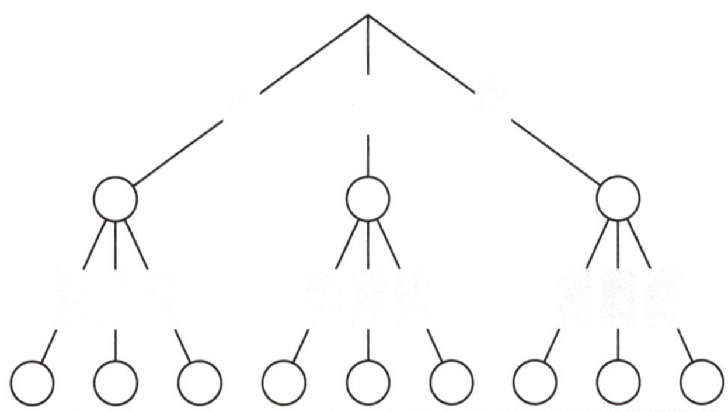

3. Aus einer Urne mit drei blauen und vier gelben Kugeln werden zwei Kugeln mit Zurücklegen gezogen. Formuliere das passende Gegenereignis $\overline{E}$.

a) E: keine Kugel ist gelb	$\overline{E}$:
b) E: genau eine blaue Kugel	
c) E: mindestens eine gelbe Kugel	
d) E: zwei gleichfarbige Kugeln	

Milimeterpapier für deine Zeichnungen

Milimeterpapier für deine Zeichnungen

Karopapier für deine Rechnungen

Karopapier für deine Rechnungen